THE TEA
Catalog & Bible

紅茶の教科書

磯淵 猛

はじめに

30年余りにわたり、紅茶に係わってきた。

30年前に比べ、日本の紅茶の輸入量は2・5倍に増え、緩やかだが右肩上がりを続けている。消費に一番貢献しているのは、ペットボトルなどに入れられて販売している紅茶飲料で、市場に現れてまだ25~26年なのに、今や国民的飲料とみなされるほど大きくシェアーを伸ばしている。

基本的なブラックティー、ミルクティー、レモンティーのほか、果汁やハーブ、スパイス、炭酸をプラスしたものなど、種類も豊富である。香料が華やかさや気分転換の要素を作り出しているのも紅茶飲料の大きな特徴だ。

一方で、１００年以上も同じ形態で親しまれてきたティーバッグがある。これもシンプルな紅茶の味だけでなく、ハーブ、スパイス、香料を加味した数百種類にも及ぶバリエーションティーが市場をにぎわせ、食べ物や気分によってさまざまな飲み方が楽しめる。

紅茶本来の飲み方で、ティーポットが必要なリーフティーの人気も根強い。トラディショナルなアフタヌーンティーが、健康を意識したダイエット的な

ティーフードに変わり、新しいスタイルでのティータイムが演出され、人気を呼んでいる。

紅茶が健康に役立ち、薬効があることは世界的に知られていることだ。それがさらに進化し、機能性の高い飲料へと進んでいる。

中国を誕生地として紅茶が現れてから４００年、今や世界１２０カ国以上で愛飲されている。安全だから、安価だから、おいしいから、コミュニケーションに使えるから、理由を挙げれば限りない。

我々が未来により幅広く、多岐にわたって紅茶を楽しめば、紅茶の産地は栄え、働く人たちを支えることができるだろう。農作物である紅茶は誰が守るのか。産地で作る人たちだけでなく、飲む我々にも責任があると思う。

本書は紅茶の産地や歴史的な出来事を紹介しつつ、紅茶を材料として自由な発想で使いこなすことを提案してみた。以前出版した「紅茶の教科書」に、些少ではあるが新しい図版や写真を加え、よりわかりやすくなるようにページを構成しなおしている。本書が、紅茶を理解する上で何らかの手がかりになれば幸いである。

磯淵 猛

紅茶の教科書

The Tea Catalog & Bible

Contents

Part 1

「茶葉と茶園」の話

Part2

紅茶の「履歴書」

Part3

「紅茶史」

Part4

「磯淵流」紅茶のいれ方

Part5

紅茶「ブレンドのすすめ」

another cup as for Tea

Part 1

「茶葉と茶園」の話

豊かな香りが
広がる

India

インドの茶の産地

ダージリン ＆ アッサムの二大産地を擁するインドは、
世界の紅茶生産量の半分以上を占める世界一の紅茶生産国。
毎日何杯ものチャイを飲むのがインドの日常なのだ。

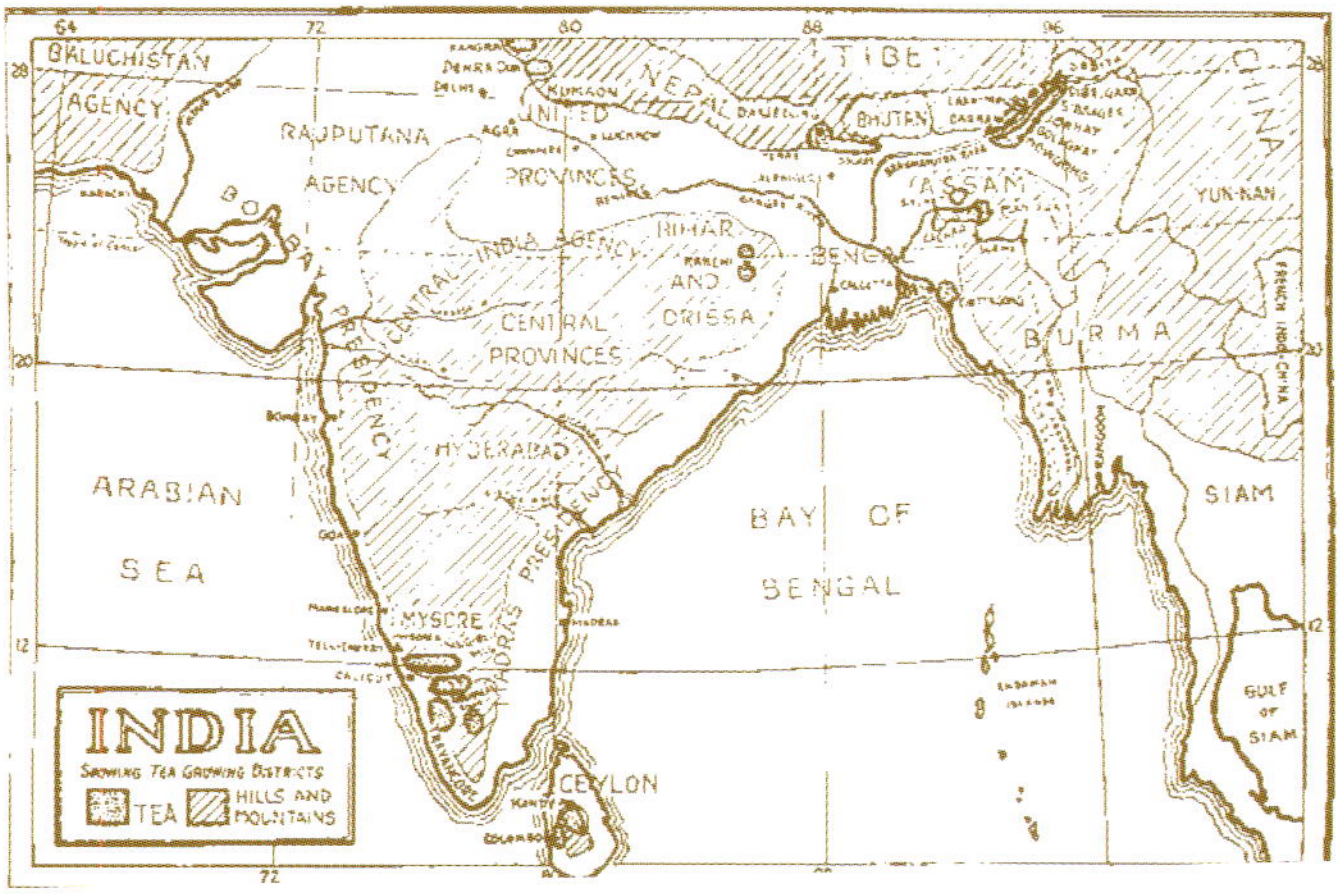

1900年代初期に作られた、インドを中心としたティーマップ。
アッサムからの茶園の広がりを示す。

MORAL

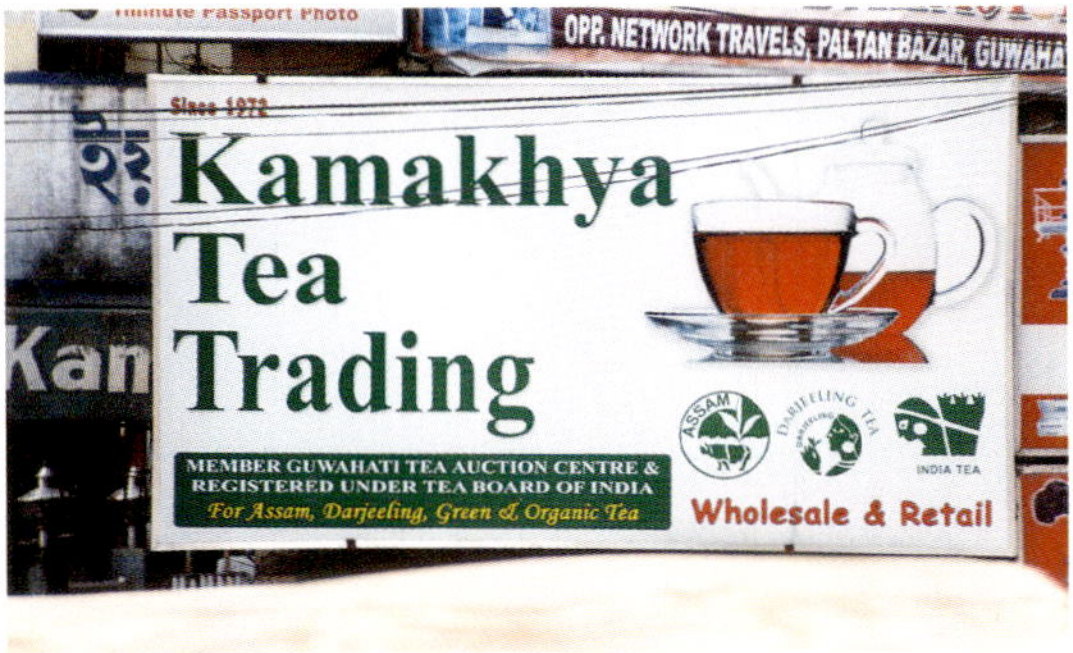
OPP. NETWORK TRAVELS, PALTAN BAZAR,
Since 1972
Kamakhya
Tea
Trading
MEMBER GUWAHATI TEA AUCTION CENTRE &
REGISTERED UNDER TEA BOARD OF INDIA
For Assam, Darjeeling, Green & Organic Tea
ASSAM
DARJEELING TEA
INDIA TEA
Wholesale & Retail

インドの茶の産地 1

ダージリン

DARJEELING

気候風土と味わい

高地ならではの気候が唯一無二の味わいを生む

　ダージリンは、インドで最もよく知られる避暑地のひとつだ。西ベンガル州の最北に位置し、ネパールとブータンに挟まれた交易の町でもある。町の中心は標高２３００ｍという高地にあり、茶園も３００〜２２００ｍの険しい斜面に広がる。日中と朝夕の温度差が大きく、毎日何度も霧が発生し、ヒマラヤの冷たい風がその霧を晴らす。

　この風は、インドの国境からネパールの東部にかけてそびえるカンチェンジュンガから吹く。その標高８５８６ｍの威容を見に、例年多くの観光客が訪れる。

　霧が晴れると、湿った茶葉を昼間の日光が乾かす。この独特の環境が、紅茶のシャンパンと呼ばれるほどの、マスカットを思わせるフルーティーな香りと、極上の爽快さを感じさせる引き締まった渋み、そして深いコクのある味わいを生む。水色もよく、とくにセカンドフラッシュの美しい琥珀色は最高級品の名に恥じない。インドで唯一、栽培に成功した中国種の茶葉であることも、ダージリンティーの強烈な個性といえる。

機械化が進むなか、いまだにダージリン地方では伝統的な手作業が残る。それがダージリンらしさであり、茶葉の品質を高めている。

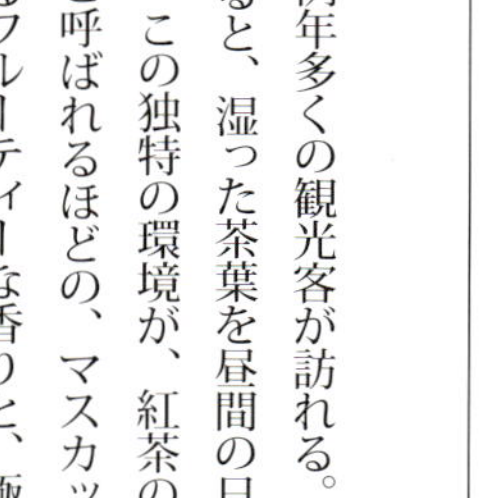

茶園の広さ／約2万ヘクタール
葉の形状／ OP
収穫時期／ 3月初旬〜4月、5〜6月、8〜9月、10〜11月

自然と人が上質な茶を育む
紅茶のシャンパン、
ダージリンティー

標高約2300ｍという高地であり、茶園も険しい斜面ゆえに、ダージリン地方では男性の茶摘みも多い。

茶葉のグレードとシーズン

香味を生かすOPタイプが主流 ベストシーズンは上半期に

ダージリンの茶葉は独特の香味を持っているので、それを生かすためグレードはOPタイプがほとんど。より短時間で抽出できるBOP、チップ（芽）を多く含みフラワリーな香りを持つFOP（フラワリー・オレンジ・ペコ）などもある。

一年で4回の茶摘みをするダージリンでは、3回目（サードフラッシュ）を除く3つの茶摘みシーズンで良質な茶葉が得られる。ベストシーズンとされるのは1回目（ファーストフラッシュ）と2回目（セカンドフラッシュ）。風味が深いのはセカンドだが、ファーストの快い渋みとフルーティーな香りも世界中で高い評価を集めている。

ローターバンで細かく刻まれ、これから発酵の工程へ向かう茶葉。とてもいい香りが漂う。

History

中国生まれ&インド育ち 紅茶の王様の経歴とは

アッサムでの紅茶栽培から少し遅れた1841年、A・カンベル博士がダージリンの地に中国種の茶樹を植えた。長い歴史を持つ中国の茶を栽培したい、とイギリス人たちはインドの各地で植樹するもことごとく失敗する。そんな中、唯一うまく育ったのがダージリンだった。

ヒマラヤの山岳地帯にあるダージリン地方は、中国・武夷山《ぶいさん》に似た高地特有の自然環境で、中国種の茶樹の栽培に適していたのである。この中国生まれ、インド育ちの紅茶は、やがて世界一有名な紅茶として君臨することとなった。

3つのシーズンの茶葉のちがい

◉ファーストフラッシュ

3月上旬から4月にかけて摘まれる、希少価値の高い茶葉。ゴールデンチップを多く含み、とりわけ近年のジュンパナ茶園のものは世界一と絶賛されている。

◉セカンドフラッシュ

二番茶の収穫時期は5月初旬～6月下旬だ。味、香り、水色ともファーストより強くなり、最高級ダージリンの多くはこのセカンドフラッシュから生まれる。

◉オータムナル

10～11月、その年の最後に摘む茶葉である。強い渋みと十分な赤い水色を持っているので、ミルクティーに最適な茶葉としてヨーロッパを中心に飲まれている。

製造方法

オーソドックス製法で OPタイプの茶葉を作る

CTC製法を導入して生産量を増やそうとする産地が多いなか、ダージリンの紅茶はほぼすべてオーソドックス製法で作られている。また、ローターバンを使わないOPタイプなので、揉捻機（ローリングマシン）の圧力や回数、時間を細かく調整して、どのような茶葉に仕上げるかをコントロールする。機械を使っていてもオートメーションというわけではないので、仕上がりの成否はひとえに工場長の熟練にかかっている。

ダージリン地方の製造の仕方

オーソドックス製法でリーフタイプの茶葉を作るが、特色は揉捻機（ローリングマシン）にある。ダージリンの揉捻機は、葉をもむエッジが鋭くなく、手の平のようになだらかな凹凸。もみすぎると発酵が進みすぎて、ダージリンならではの香味が損なわれるため、ソフトにもんで微発酵にとどめている。

特徴1

昔ながらのOP製法

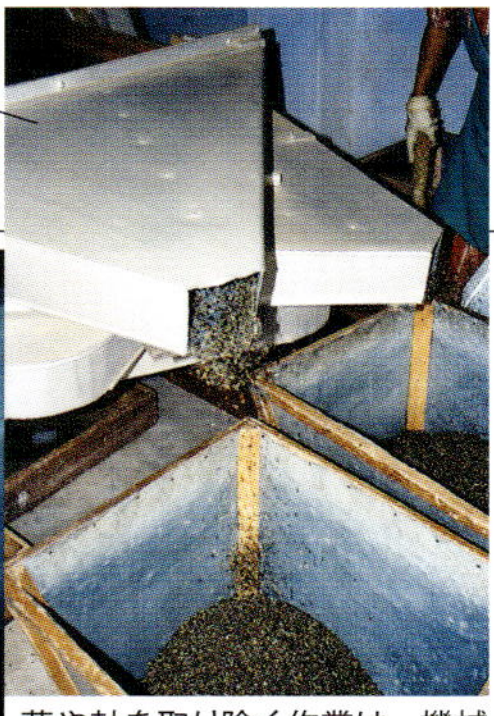

茎や軸を取り除く作業は、機械のあと手でも行う。

特徴2

徹底した品質管理

前日以降にできた茶葉とも比較しながら最終テイスティング。

特徴3

弱い発酵

ダージリンの茶葉の発酵度は50～60％と弱めである。

ダージリンティー、そのおいしさに迫る7つの風景

1 中国種の詰まったカゴ

ダージリンはインドで唯一、中国種の茶葉が育つ場所だ。手作業で丁寧に摘まれた茶葉は、背中に背負った大きなカゴに手早く放り込まれる。ロープの先についている布は、額に当ててカゴを背負うための当て布である。

2 昔ながらの工場

量を作ることより伝統の味わいにこだわるダージリンティーには、今でも人の手による昔ながらの製法が息づいている。できあがった茶葉の仕上がり具合も、きちんと目視でチェックしていく。

3 工場長の仕事

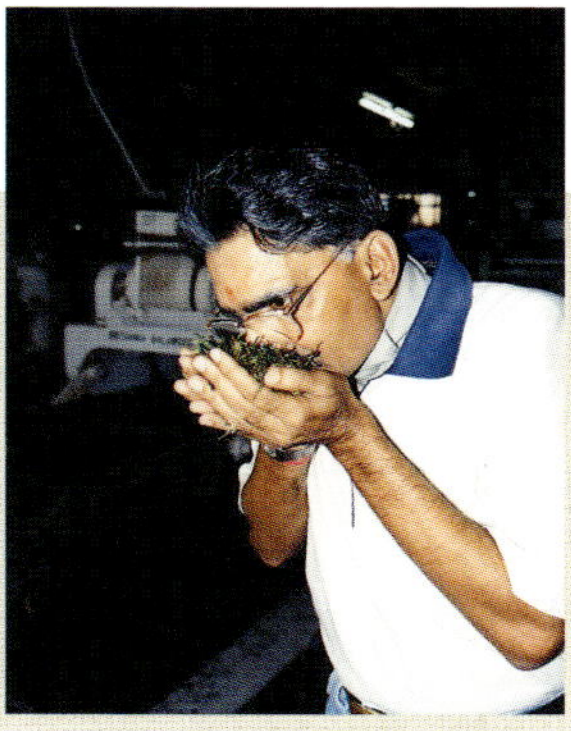

茶園の評価は、工場長の資質にほぼ比例する。ダージリンの場合、茶葉が発酵しにくいので、発酵時間をどれくらい取るかの判断が非常に重要だ。揉捻を終えた茶葉の香りをチェックする工場長の真剣なまなざしが、上質な茶葉を作ろうというあくなき探求心をよく示している。

4 茶摘みをする男性

茶摘みといえば普通は女性の仕事だが、けわしい山間に茶園が広がるダージリンでは、足場の悪い危険な場所も多く、大きなカゴを背負っての茶摘みはかなりの重労働になる。そこで、そのような茶畑での茶摘みには、女性に代わって男性が登場する。

6 茶園の栄枯盛衰

ダージリンには現在83カ所の茶園があるが、予想以上の“流行り廃り”があり、老舗の茶園でも安穏とはしていられない。おもな茶園にはイギリス王室御用達のジュンパナ、日本で人気のキャッスルトンなどがある。

5 ティーオークション

茶葉の価格はオークション（競り市）で決まる。古くはロンドンなど“消費地”で開催されていたが、現在は“生産地”で開催される。写真はカルカッタでのティーオークションのようすで、2003年には1キロ400ドルの茶葉が出て、ダージリンの最高値を更新した。

7 深い霧

まるで日課のように毎日4～5回発生する霧は、直射日光をさえぎり、茶葉を湿らせる。まもなく山からの冷たい風で霧は晴れ、直射日光が一気に茶葉を乾かす。この繰り返しがダージリンティーの独特の香味を生む。深い霧があるからこその味わいなのだ。

インドの茶の産地 2

アッサム

ASSAM

気候風土と味わい

たっぷりの雨が育む強い渋みと深いコク

世界の紅茶生産量の半分以上はインド産だが、そのうちアッサム産の紅茶が半分を占める。つまり、世界の紅茶の4分の1はアッサムティーなのだ。インド国内で日常的に飲まれるチャイには、ほとんどこのアッサムティーが使われている。そしてもちろん、世界最大の紅茶生産地はこのアッサムである。

アッサムは、険しい山間にあるダージリンとは異なる広大な平野。それを囲むヒマラヤの山々にぶつかる湿った季節風が、大量の雨を降らせる。さらにはブラマプトラ川からの水蒸気が雨や霧となって、川の南に繁る茶葉を湿らせる。この圧倒的な水分が、アッサムティーならではの渋みを生み出している。

味わいとしては、いわゆる普及品の紅茶にはない独特の渋みが深いコクを感じさせる。それとともに、香り、水色とも重く、濃厚である。

悪くいえばクセのある味わいだが、硬水を使うと渋みが軽くなって飲みやすくなる。また値段も安かったため、水質が硬水であるイギリスの市民は広く愛飲した。

道端でチャイを売る青年。インドのいたるところで見られる風景だ。

茶園の広さ／約19万ヘクタール
葉の形状／ OP、BOP、CTC
収穫時期／ 2～11月

直射日光を弱めるためのシェードツリーが点在するアッサムの茶園。
“茶の地平線” が見えるほどの平らな茶畑が広がっている（写真上）。
アッサム州を西へ流れるブラマプトラ川（写真下）。

茶葉のグレードとシーズン

アッサムの主流はＣＴＣ製法 セカンドフラッシュがベスト

アッサムの茶葉は、おもにチャイ用としてインド国内で大量に消費される紅茶の需要にこたえる役割もあり、年々ＣＴＣ製法の比率が高まっている。最近では全体の90％以上がＣＴＣ製法で作られている。とはいえ、多くの工場がオーソドックス製法の設備も有しており、受注生産など必要に応じて生産している。オーソドックス製法のグレードはＯＰが中心である。

茶摘みのシーズンは2月下旬から11月までと非常に長いが、最も高品質とされるのが4月中旬～6月のセカンドフラッシュ。ゴールデンチップがもたらす旨み、甘い香り、そして力強いオレンジ系の水色が高い評価を得ている。

アッサムで働くのは、サリーを日常的に着るインド・アーリア系の人々。ダージリンはアジア系だ。

OP

◉ファーストフラッシュ

アッサムの一番茶は2月下旬から3月にかけて茶摘みをする。青い草や花を思わせる独特の香りを帯びている。

◉セカンドフラッシュ

4月中旬から6月にかけて収穫されるセカンドフラッシュは、ゴールデンチップを最も多く含む高級茶葉に。

◉オータムナル

9月から11月に摘まれたものはすべてオータムナルに入る。渋み、水色とも濃厚でミルクティーに向く。

CTC

◉小粒

CTC製法の紅茶は全般的に水色が濃くなるが、小粒の茶葉はそのなかでも一番黒っぽい赤になる。

◉大粒

深みのある、黒みがかった赤い水色。ただ見た目とちがって渋みは弱く、マイルドな味わいになる。

History

イギリスによる紅茶栽培は アッサムからはじまった

アッサムティーの歴史は、すなわちイギリス人の紅茶栽培の歴史でもある。1823年、R・ブルースがアッサムの奥地、シブサガルでアッサム種の茶樹を発見。その後、弟のC・Aブルースが栽培に成功し、1839年に世界初の紅茶貿易会社「アッサム・カンパニー」が誕生した。アッサムは世界的な紅茶の産地として第一歩を踏み出したのである。

アッサムティーのほとんどはCTC製法で大量に製茶される

アッサムでは生産量の90％以上がCTC製法で作られている。これは膨大なチャイの需要に応えるためだ。

CTC製法の工程については59ページで触れるが、アッサムの茶葉は大きいものだと葉長が14～15cmにもなるので、CTC機に入れる前にローターバンで小さく切り刻む。ちなみに、スリランカの茶葉はおおむね小さいが、CTC機に入れる前にはやはりローターバンにかける。

なお、CTC製法よりもオーソドックス製法のほうが本格的で高品質、というイメージがあるかもしれないが、それは正確ではない。たしかにCTC製法のほうが手間はかからないが、ライトで飲みやすい味わいになるだけ。CTC製法のアッサムティーがティーオークションで高値をつけることもよくあるのだ。

特徴 2

CTC製法

CTC製法では揉捻の工程を経ずに、萎凋した茶葉をそのままローターバンにかける。

特徴 1

大規模工場

使い込まれたCTC機が並ぶ大規模な工場は、インドーの生産量を誇るアッサムならでは。

特徴 3

早い発酵

アッサム種はもともと発酵が早いが、さらに茶葉が細かいほど表面積が大きくなり、発酵や乾燥なども早く進む。CTC製法の大きなメリットである。

紅茶生産の本場、アッサムに迫る5つの風景

1 CTC

CTC製法で作られた茶葉は、顆粒と呼べるほど小さく細かい。そのため、短い時間で濃厚な紅茶液を抽出することができる。それに加えて風味もミルクによく合うので、毎日膨大な量のチャイを消費するインドの人々にとって欠かせない存在といえる。

2 街のチャイ屋

インドにはチャイを飲ませる店が数千軒あるという。高い位置から注ぐのは、酸素を含ませて味をまろやかにするだけでなく、「できたてだよ!」というパフォーマンスでおいしく感じさせるという狙いも。

インド風チャイの作り方

●材料（1人分）／茶葉…TSP2杯 牛乳…210cc　水…140cc

●作り方/❶手鍋に水と茶葉を入れて火にかける ❷茶葉が開いたら牛乳を注ぎ、沸騰直前に全体が盛り上がったら火を止める ❸ストレーナーでこしながらポット（カップ）に注ぐ

3 大きな茶葉

アッサム種は耐寒性がなく霜の降りる地域では育たない。しかしそれを補うように、茶葉が中国種よりひとまわり以上大きく、10cm以上にもなる。これは収穫効率の面で大きなメリットになっている。

4 オーソドックス製法

CTC製法が主流ではあるものの、オーソドックス製法で作られるアッサムティーもわずかに残っている。その希少価値がプラスされて、ファーストフラッシュやオータムナルの茶葉は高値になることが多い。

5 茶葉を計量する人々

アッサムの茶園で茶葉を計量する人々。計量されている茶葉を見ても、茶葉が大きいことがよくわかる。その効率のよさが世界最大の紅茶の産地であるアッサムを支えている。

アッサム VS ダージリン

未来の紅茶

伝統の紅茶

インド紅茶の双璧をなすアッサムとダージリンには、品種のほかにもさまざまなちがいがある。技術革新を盛んに取り入れるアッサムと、従来の製法を守り続けるダージリン。〝未来と伝統〟をキーワードに、そのちがいを探ってみたい。

1 茶の樹の種類がちがう！

まずは基本となる品種のちがいからみてみよう。アッサム種はその名の通り、アッサムの地に自生していた茶樹だ。いっぽうのダージリンは中国種で、インド各地で栽培が試みられた中国種の唯一の成功例である。また、生育環境もアッサムは大平原、ダージリンは高地の丘陵というちがいがある。

アッサムはアッサム種

どこまでも広がる茶畑に大きな葉を茂らせる。

VS

ダージリンは中国種

小さくて薄い葉をつけるのが中国種の特徴だ。

2 用途がちがう！

世界最大の紅茶生産国であるインド。さぞ輸出量も多いだろうと思いきや、その7割は国内で消費する。ほとんどはチャイとして飲まれるが、この大きな需要を満たしているのがアッサムティーだ。反対にダージリンティーは特有の香味をブラックティーで楽しむ紅茶。イギリスをはじめ各国に輸出されている。

3 形状がちがう！

すでに触れた通り、現在流通している茶葉の製法は、大きく分けてオーソドックス製法とＣＴＣ製法のふたつ。ダージリンは茶葉の形を残すオーソドックス製法だが、アッサムはＣＴＣ製法が主流で、できあがった茶葉は小さな粒のようになる。アッサムでも全体の1割程度の量はオーソドックス製法で作られている。

アッサムは CTC

CTC製法で作られた茶葉は、小さな粒状になる。

VS

ダージリンは OP

オーソドックス製法で作られるリーフタイプの茶葉。

4 生産規模がちがう！

日本での知名度はどちらもそれほど変わらないが、その生産規模は大きくちがう。アッサムは約19万ヘクタールの茶園面積を誇る世界一の紅茶産地で、ＣＴＣ製法をメインに約65万トンもの茶葉を作っている。いっぽうのダージリンは茶園面積が約10分の1の2万ヘクタールほどで、生産量は約10万トンである。

5 いれ方がちがう！

リーフタイプか顆粒状か。形状がちがえば、いれ方もちがってくる。ダージリンはリーフタイプなので、ポットでじっくり抽出して豊かな香りと味わいを引き出す。アッサムもリーフタイプならいれ方は同じだが、ＣＴＣ製法の顆粒状の茶葉は短時間で抽出されるので、ダージリンと同じ感覚でいれると濃くなりすぎる。

ダージリンは小規模生産

オーソドックス製法が主流のダージリンは、アッサムに比べると工場の規模も小さい。

VS

アッサムは工場生産

膨大な需要にこたえるべく、たくさんの CTC 機を導入して大量生産が行われている。

インドの茶の産地 3

ニルギリ

NILGIRI

気候風土と味わい

セイロンティーに近い ニュートラルタイプの紅茶

ダージリン、アッサムと並んでインド紅茶の三大産地に数えられるニルギリは、インドの南端部・タミールナドゥ州にある産地だ。

インドの紅茶といえば、ダージリンやアッサムのように風味のキャラクターがはっきりしているのが特徴である。ところが、ニルギリは場所がスリランカに近く、気候が似通っているため、セイロンティーに似た茶葉が育つ。紅茶の味わいも、セイロンティーと同じくクセのないタイプとなる。

色とりどりの服装をした茶摘みの女性たち。ランチタイムなので表情もなごやかである。

茶園はデカン高原西部のなだらかな丘陵に広がっていて、朝夕と日中に気温差があり紅茶栽培には適した環境である。そのため、一年を通じて収穫が可能だ。

ニルギリティーの味わいは、ひとことでいえばニュートラルである。ダージリンやアッサムのような独特のキャラクターはないが、逆にいえばとても使い勝手のよい、用途の広い紅茶だ。ブレンド用やバリエーションのベースなどに、世界各国で親しまれている。

茶園の広さ／約3万5000ヘクタール
葉の形状／OP、BOP、CTC
収穫時期／通年

インド人とともにあるチャイと
ニルギリ茶は好相性

南インド式の方法でチャイを入れる男性。南インドでは茶葉は煮立てない。

発酵した茶葉を乾燥機に運んでいるところ。茶工場では直接手作業で運ぶことが多い。

茶葉のグレードとシーズン

ニルギリの旬は年2回 製法はほぼCTCに移行

ニルギリでよい茶葉が取れるのは1～2月だ。ただし、東側の斜面にある茶園は、季節風の影響で7～8月に高品質の茶葉が取れることもある。ニュートラルな香味が身上とはいえ、この時期は草や花を思わせるさわやかな香りを持つ。

数年前まではオーソドックス製法が主流だったが、近年急速にCTC製法に移行しており、すでに生産量の90％以上はCTC製法で作られている。

製造方法

リーフタイプを作るのは どんな条件のとき？

現在はほとんどがCTC製法で作られているが、OPタイプやBOPタイプの茶葉を作ることもある。これにはいくつか理由があり、リーフタイプの茶葉の注文があったときや、生育状況から香味の優れた茶葉ができそうなときなどに、工場長の判断でオーソドックス製法で製茶する。このような工場長の判断は、本人の評価だけでなく茶園全体の評価に直結するのでとても重要である。

History

当初は苗木の栽培に失敗 アッサム種の萌芽で光

アッサム種の発見から10年ほどたった1835年、インドでの紅茶栽培計画のひとつとしてニルギリにも約2万本の中国種の苗木が植えられた。けれども生き残ったのはわずかに20本で、実質的に計画は失敗に終わる。そのあとに植えられたアッサム種は無事芽を出し、1853年にはニルギリ初の茶園が誕生する。やがて中国種の栽培にもようやく成功し、インド有数の紅茶産地となった。

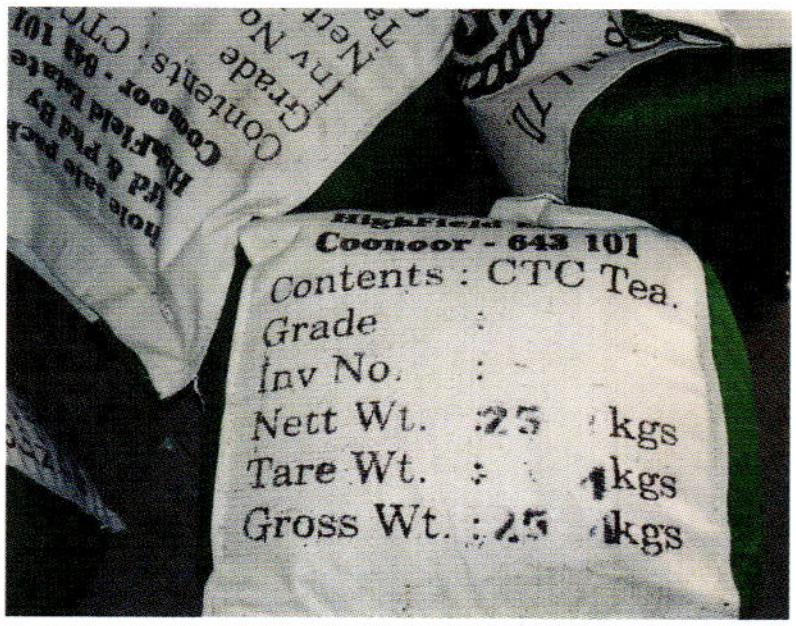

出荷を待つニルギリの茶葉の袋。CTC製法の茶葉だと明記されている。

ニルギリティー、そのおいしさに迫る3つの風景

1 ニルギリ流チャイ

CTC製法で作られた粒状の茶葉を布の袋に入れ、そこにお湯を注ぎ、最後にミルクを加える。このような“煮出さない”作り方をするのが、伝統的なニルギリのチャイである。この作り方はやがてスリランカに伝わり、現地の人々の間に広まっていった。

2 高原の茶畑

ニルギリの茶畑は、ダージリンのようなけわしい山間でもなく、アッサムのような平原でもない、高原のなだらかな丘陵地帯にある。世界最大の産地であるアッサムの広大さにはおよばないが、茶園の総面積はダージリンよりも広いのだ。

3 ニルギリティー即売所

紅茶の茶葉が消費者の手元に届くには、ティーオークションを経て市場に出回るのが普通である。ただしその場合、茶葉が完成してから実際に飲まれるまでに50～60日ものタイムラグが発生している。ところが、もし現地の即売所に行けば、正真正銘の新鮮な紅茶を味わえる。機会があればぜひ試してほしい。

Sri Lanka

スリランカの茶の産地

インド、中国に次ぐ世界第三位の紅茶生産国・スリランカ。
“ファイブ・カインズ”と呼ばれるスリランカの五大産地では、
それぞれどんな紅茶が作られているのだろうか。

20世紀中頃のスリランカの茶園地図。“第6の産地”ウダプッセラワの名はまだ見えない。

රන් කහට
ඇඟට පණක්.
හිතට ගැම්මක්.

P·S

スリランカの茶の産地

1

ウバ

UVA

気候風土と味わい

高い標高と季節風が上質な香りと渋みを生む

ダージリン、キーマンとともに世界三大銘茶として世界に名を馳せるのが、スリランカ南東部の産地、ウバである。

ベンガル湾に面した山岳地帯の斜面に茶園が広がっていて、標高１４００～１７００ｍの高地にあるので、産地としてはハイグロウンに分類される。

7～8月にはインド洋からの季節風が山に当たって冷たく乾いた風が吹き下ろし、かかっていた霧を晴らして一気に茶葉を乾燥させる。仕組みとしてはダージリンと似た環境だ。

これにより、ウバ特有のフルーティーな香りと刺激的な渋みが生まれる。とりわけ、7～8月のクオリティシーズンの茶葉は、世界最高級の紅茶として高値で取引される。ただ、クオリティシーズン外の茶葉も人気薄というわけではない。

強い渋みと濃い水色を備えていて、これはミルクティーにぴったりの性質だ。そのため、イギリスではミルクティーに最も多く使われる紅茶となっているほどだ。

茶摘みの合間に昼食をとる人々。ほっとするひとときだ。

茶園の広さ／約3万5000ヘクタール
葉の形状／OP、BOP
収穫時期／通年

イギリスのミルクティーにもっとも使われる ウバ茶は特有の香りと渋みを持つ

テイスティングルームに置かれた茶を測る
器具。使い込まれており趣きがある。

茶葉のグレードとシーズン

世界的銘茶となるのは7~8月のBOP

ウバにかぎらず、スリランカの紅茶はBOPタイプが主流だ。とりわけウバティーは力強い渋みが身上なので、それをしっかり味わうにはBOPタイプがベストである。

収穫は一年を通じて可能だが、そのなかでもクオリティシーズンは7~8月の約2カ月しかない。しかも、毎年同じ条件で最高級の茶葉ができるわけではなく、雨や風の状況次第でガラリと品質が変わる、バイヤー泣かせの銘茶でもある。

製造方法

オーソドックス製法の伝統を守り続ける

インドのアッサムやニルギリでは大量の需要にこたえる目的もありCTC製法が急速に広まったが、ほかのスリランカの産地と同じく、ウバは今でもほとんどの茶葉がオーソドックス製法で作られている。山岳地帯なのでこれ以上茶畑を開墾することが難しく、大量生産に向かない産地という点も理由のひとつだ。

BOP、OPなどグレードごとに分けて茶葉を入れたサンプルケース。

20~25℃の温度で、発酵度80%まで酸化発酵させる。発酵が済んだ茶葉は乾燥機へ移される。

History

ウバを世界的産地にしたある有名な人物とは?

その人物の名は、トーマス・リプトン。紅茶売りをはじめて一年ほど経った1890年、母親の「生産者から直接仕入れなさい」という教えのもと、彼はセイロン島（スリランカ）を訪れる。視察ののち、ウバの土地を購入して積極的に開墾、機械化を進めて、紅茶の一大産地に育て上げた。当時のキャッチコピーとして有名な「紅茶園から直接ティーポットへ」の「紅茶園」とは、いうまでもなくこのウバの茶園のことだったのである。

ウバティーを物語る
3つの風景

1 現場監督

茶葉を摘むのは女性だが、彼女たちを監督するのは男性の仕事である。彼らはカンガニー（ヒンズー語で「管理人」）と呼ばれ、ひとりで150～200人もの茶摘み女性を担当する。茶葉の品質は摘み方に左右されるので、カンガニーの役割はとても大きい。

2 茶園の学校

ウバの茶園は、単なる茶葉栽培の場にとどまらず、茶園に関わる人々が暮らすムラ組織でもある。とても歩いては回れないような広大な土地に、1000～3000人もの人々が働き、暮らす。住居や学校は工場の近くに集まっていて、もはや小さな町の趣だ。学校は国営なので無料で通うことができる。

3 リプトンのティーハウス

巨大な茶園を任されるわけだから、工場長の社会的地位は非常に高く、彼の働きぶりが茶園の盛衰を左右するといっても過言ではない。写真のリプトンのティーハウスは、西欧風の建築の立派な建物で、工場長の住まいを兼ねている。普通の従業員たちは工場のそばに建つ長屋で暮らしていることが多い。

ディンブラ

DIMBULA

気候風土と味わい

通年安定した茶葉を生産
味わいはフラットで使いやすい

　スリランカ中央山岳地帯の南西部にあるディンブラの茶園は、比較的標高の高いミドル～ハイグロウンである。多少は季節風の影響を受けるが、茶葉の生育状況は大きくは変わらず、一年を通じて安定した品質の茶葉を産している。

　味わいの特色は、ニルギリティーの項でも触れたように、突出した個性がないこと。マイルドな味をブラックティーで楽しむもよし、ブレンドやバリエーションに使ってもよし。とても使い勝手のよい茶葉である。

茶園の広さ／約4万ヘクタール
葉の形状／BOP、CTC
収穫時期／通年

1200～1600ｍの高地だが日中は30℃近くまで気温が上がる。

強い個性を持ってないからこそ、
ブレンドの可能性が広がるこれからの茶葉

茶葉のグレードとシーズン

BOPが主流だがCTCも増加 1～2月の季節風が旬を生む

おもにBOPタイプだが、香りや味わいはマイルドなので、ブレンド用やバリエーションティーの用途が多い。近年はティーバッグ用のCTCも増えている。

季節風が吹く1～2月は、バラを思わせる香りと、強い渋みを持つ高品質の茶葉が生まれる。3～12月はおおむね同程度の品質を保ち、安定している。

中心部のクラワケレにある、スリランカの茶業試験場。

製造方法

オーソドックス製法が中心 サイズは世界平均より小さめ

ディンブラの紅茶は、オーソドックス製法で作られるBOPタイプが主流である。一般的なBOPタイプの茶葉は2～3㎜ほどの大きさだが、ディンブラでは1～2㎜と小さめのサイズが多い。ふるい分けをする玉解き機で目の細かいメッシュを使って調節する。というのも、茶葉は細かければ細かいほど渋みが増す。ディンブラティーには良くも悪くも突出した個性がないので、渋みを強めて味わいにパンチを出そうとしているのだ。その結果、ディンブラティーはウバの味わいに近づいている。

クローナル種の挿し木栽培のようす。

History

遅れてきた名産地 山ならではの悩みも

スリランカの茶の栽培は、耕地開拓のセオリーの通りに低地から高地、つまりローグロウンからハイグロウンへと広がった。きっかけはサビ病でコーヒーが育たなくなったことで、初の茶園はキャンディで1857年に生まれた。しかしミドル～ハイグロウンにあるディンブラで紅茶栽培がはじまるには、そのもう少し先、1890～1900年代あたりまで待たねばならなかった。

その後はスリランカでも高級茶葉の産地として知られるようになったが、山間の産地の宿命として、茶畑を開墾できる広さには限界がある。ディンブラも現在以上に耕地を広げることは難しく、過度の収量アップが品質低下を招くなどの弊害も出てきている。

スリランカの茶の産地 3

ヌワラエリア

NUWARA ELIYA

気候風土と味わい

気温の温度差が大きく特有の香り&渋みを持つ

紅茶によって生まれた避暑地、と形容されるのが、スリランカの中~南部に位置するヌワラエリアである。紅茶栽培がはじまる前は、集落もない未開の地だったが、やがて紅茶の名産地、兼リゾート地として知られるようになった。

標高1600~1800mのハイグロウンで、スリランカの紅茶産地のなかでは、最も標高の高い産地である。昼間の気温は20~25℃、朝夕は5~14℃と、過ごしやすいながらもそれなりの温度差があるため、それによってヌワラエリアティー特有の渋みが出る。

一日の温度差が大きければ大きいほど、タンニンの含有量が増えて、渋みが強くなる。強い渋みに香りが負けないよう、ヌワラエリアでは発酵度を下げたりグレードを変えたりといった工夫がなされている。

ヌワラエリアティーの香りは、ハイグロウンならではのフラワリー、フルーティーな香り。水色が濃いものはミルクティーに適するが、独特の香りを楽しむにはブラックティーがおすすめだ。

イギリス様式で建てられたホテル。ヌワラエリアはヨーロッパの人々が避暑に訪れるリゾート地でもある。

茶園の広さ/約6万ヘクタール
葉の形状/BOP
収穫時期/通年

リゾート地としても名高い
高所の紅茶生産地
濃厚な渋みと強い香りの
個性的な茶葉

摘んだ茶葉を計量しているようす。
摘む量にはノルマがあり、反対に量
が多すぎると摘み方を怪しまれる。

BOPなどにはゴールデンチップがたっぷり含まれている。

茶葉のグレードとシーズン

グレードはBOPタイプ 1～2月に旬を迎える

ヌワラエリアの茶葉はBOPタイプが基本。それに加えて、香りを強調するためにOPタイプに仕上げるものもある。

クオリティシーズンは1～2月。青々と茂った草を思わせる、さわやかな香りを帯びる。茶葉そのものもわずかに緑がかっている。水色は薄く、赤色ではなくオレンジやゴールドに近いので、ミルクティーよりはブラックティーに向く。

製造方法

BOPを中心としつつ 渋みを調節する工夫も

ヌワラエリア産の茶葉で最も多いのは、オーソドックス製法によるBOPタイプである。ただ、ハイグロウンなので茶葉に含まれるタンニン量が多く、渋みが強くなりすぎることがある。そこで、完全に発酵するには60分ほどかかるところを15～20分と短くしてみたり、発酵の進みが遅いOPタイプにしてみたりと、渋みを抑える工夫もなされている。

近年、大量生産が可能なCTC製法が世界各地で採り入れられ、CTC製法への移行はひとつの風潮にもなっている。しかし、ヌワラエリアではCTC製法はほとんど行われていない。ダージリンと同じく、昔ながらの製法を守っているのだ。

茶畑の頂上にそびえる、ヌワラエリアの近代的な製茶工場。

History

紅茶の産地として生まれ イギリス人に愛された避暑地

ヌワラエリアは、人の住まないただの〝山〟だった。そこに、コーヒー栽培の衰退による19世紀後半の茶樹栽培ブームが来て、茶園とともに生まれた街だ。

ところが、いざ茶園を開いてみると、暑すぎず寒すぎず、非常に快適な気候だったので、さっそく人気のリゾート地となった。イギリス様式の家々が建ち並び、リトルイングランドと呼ばれ避暑地として多くの富裕層が訪れた。

1895年に建てられた「ヒルクラブ」は、茶園とリゾートを兼ねるヌワラエリアを象徴するクラブハウス。今でも、茶園主によるティーパーティや紅茶関連の会合などが行われている。

ヌワラエリアティーを物語る4つの風景

1 厚着して茶摘みに

茶摘みの女性が長そでの服を着ている姿は、ほかの産地ではあまり見られない。平均気温の低いヌワラエリアならではの服装である。普通、この防寒用の上着の下にサリーを着ていることが多い。

2 弱い発酵

茶葉は発酵によってだんだん色が濃くなる。ヌワラエリアは日中でも気温がそう高くないので、工場内の室温が低く、発酵の進みが弱い。手前が発酵後の茶葉だが、それでも緑がかった色（グリニッシュ）になる。

3 水色の薄さ

いれた紅茶の水色は、茶葉の色づき具合に比例する。アッサムティーのように発酵の進んだ赤黒い茶葉はブラッキーと呼ばれ、水色も深い赤だ。その点、ヌワラエリアの茶葉は発酵が弱いので、淡いオレンジ色の紅茶になる。

4 高地にある茶畑

ヌワラエリアは、スリランカで最も高いところにあるハイグロウンの茶園地帯。範囲としては1600〜1800mだが、ほとんどの茶園が1700m以上の場所にある。風・霧・強い日光という高地特有の気候条件のなかで茶葉は育つ。

スリランカの茶の産地 4

キャンディ

KANDY

紅茶の神様、J・テーラーが築いたソフトテイストな茶を生む古都

気候風土と味わい

ローグロウンならではのスタンダードな風味を持つ

標高６００～８００ｍと、スリランカの産地ではルフナに次いで低い。そのため季節風の影響を受けにくく、一年を通じて気候の変化が少ない。悪くいえば平均的な茶葉、よくいえば安定した品質と生産量をキープできる茶葉だ。

突出した個性の少ないキャンディティーは、ブレンド用の茶葉やバリエーションティーに最適である。さらには、渋みを生むタンニンの量が少ないため冷やしても濁りにくく、アイスティーにも向く使い勝手のよい紅茶でもある。

なだらかな丘陵地に広がるキャンディ地方の茶畑。

茶園の広さ／約2万8000ヘクタール
葉の形状／BOP
収穫時期／通年

茶葉のグレードとシーズン

グレードはほとんどBOP 通年ほぼ同じ生育状況になる

ソフト、ライト、マイルド――。そんなキーワードで語られることの多いキャンディだが、作られる茶葉はほぼBOPタイプである。一部、CTC製法の茶葉もあるが、わずかに作られているという程度だ。基本的にはキャンディ地方の茶葉イコールBOPと考えてよい。

キャンディは標高の低いローグロウンで、季節風の影響を受けず、気候もおだやか。そのため、とくにクオリティシーズンというものはない。一年を通じて、ほぼ同じ性質、同じ品質の茶葉が収穫されている。

街のあちこちにテイラーの名を見つけることができる。

製造方法

平均的な茶葉を作るのも 決して簡単ではない

キャンディの製茶では、そのマイルドな味をキープすることがポイントになる。ローグロウンの茶葉はタンニン量が少なく、含有率は15~18%しかない。とはいえ製茶によって最終的なタンニン量=渋みの度合いは変わるので、発酵の進み具合や仕上がりの茶葉のサイズを調節して、タンニン量をコントロールしている。

キャンディの地に静かにたたずむJ・テイラーの墓標。

History

コーヒー農園の不運が 茶葉栽培のきっかけに

1867年、中心街から約30km離れたルーラコンデラの地で、のちに〝紅茶の神様〟と呼ばれるジェームス・テイラーがアッサム種の栽培に成功した。

17歳のテイラー少年は、1852年にコーヒー農園で働くためスリランカにやってきたが、サビ病の流行でコーヒーの木が枯れ、農園主たちはアッサム種の苗木を取り寄せて茶園への転換を試みる。その苗木を得たテイラーが栽培に成功し、スリランカの紅茶の発祥となった。

スリランカの茶の産地 5

ルフナ

RUHUNA

気候風土と味わい

スリランカで最も低い産地でも味わいには個性あり

ウバ、ディンブラ、ヌワラエリア、キャンディ、そしてルフナ。スリランカの紅茶の産地はこの5つに代表され、ファイブ・カインズ・ティーと表現される。

ルフナ以外はどれも実際の地名だが、ルフナは古い王国の名（→P78）だ。現在はサバラグムワと呼ばれる地域である。紅茶の産地を示すときに便宜上、ルフナと呼ばれているのだ。

キャンディと同じくローグロウンに入るが、茶園のある地域の標高は200〜400mでキャンディよりも低く、スリランカでは最も標高の低い産地である。

そのため変化の少ない気候でニュートラルな茶葉ができそうに思えるが、実はちがう。島の最南端とあって気温が高く、葉の大きさがハイグロウンと比べて2倍近くにもなる。そのため揉捻で出る多量の葉汁が発酵を促進し、重い渋みとスモーキーな香り、そして濃い水色をもたらすのだ。

とはいえ、その水色ほど味が濃いわけではなく、ブラックティーでもミルクティーでも楽しめる紅茶である。

ルフナの茶葉は発酵しやすく、黒々としたブラッキーになる。

茶園の広さ／約4万1000ヘクタール
葉の形状／ BOP
収穫時期／通年

葉が大きいゆえにルフナ茶は濃い水色となり、ミルクティーに向く茶となる

ルフナ茶特有のゴールデンチップは低地栽培故
に生まれる。

茶葉のグレードとシーズン

大きめのBOPを一年中いつでも作る

グレードはBOPタイプが主流である。一般的なBOPの茶葉は長さ2～3㎜だが、ルフナの茶葉には3～4㎜と大きめのサイズもある。

茶葉が小さいと、紅茶をいれたときにタンニンが多く抽出されるので、渋みが強くなる。そのため、大きめのサイズの茶葉にすることで、甘みや濃厚な味わいを出し、渋みを押さえる工夫をしているのだ。

シーズンに関しては、ルフナにクオリティシーズンはない。反対に、収穫ができない時期もない。20日間ほどの周期で、年に14～15回の収穫が行われる。なお、剪定《せんてい》をしたあとは、その茶樹を一年間休ませて次の生育に備える。

製造方法

長い時間をかけてじっくり発酵させる

ルフナのオーソドックス製法の特色としては、発酵時間の長さが挙げられる。もともと気温が高いので発酵しやすい環境だが、さらに発酵させる時間を90～120分と長く取る。ヌワラエリアの茶葉にはわずか10分ほどしか発酵させないものもあり、それと比べるといかに発酵時間が長いかがわかる。

History

南部の国＝ルフナ コーヒーから紅茶へ

ルフナとはシンハリ語で「南」という意味。17世紀半ば頃、南部のルフナ国、中央部のマーヤ国、北部のピヒティ国の3国が当時のスリランカを治めていた。

ただ実際は欧米列強の支配下にあり、ルフナを支配していたポルトガルやオランダのコーヒー農園が数多くあった。

19世紀の後半、サビ病の蔓延でコーヒーが壊滅的な被害を受け、それに代わって茶樹の栽培がスタートした。

スリランカの紅茶のうち最も大きな葉をつけるのがルフナティー。大きなもので約10cmほどになる。

収穫した茶葉をしおれさせる萎凋のようす。茶工場は2階と3階で萎凋を行う設計が多い。

ルフナティーを物語る3つの風景

1 低地での発酵風景

発酵の進み具合は気温で決まる。ハイグロウンの地域では、気温が低いため茶葉を薄く平らに広げないとなかなか発酵が進まない。その点、気温の高いローグロウンでは、棚にどっさりと積み上げておくだけで十分に発酵が進む。しかもルフナの茶葉はサイズが大きく、葉汁としてにじみ出る多量の水分がさらに発酵を早めるのである。

2 茶園の子どもたち

あどけないまなざしをこちらに向けているのは、ルフナの茶園で働く母親を迎えにきた子どもたち。その日の茶摘みを終えると3の写真のように、最後の計量を済ませる。彼女たちの疲れを癒すのは、愛する子どもたちの笑顔であろう。スリランカの学校教育は5歳からはじまるが、義務教育ではないので学校に行かない子どももいる。

3 収穫高の報告

茶摘みの女性たちは、1日に2回、自分が摘んだ茶葉を集積所に届けて計量をする。これによって給料が決まるので、計量は厳密に行われる。ハイグロウンの小さな茶葉だと、1回の計量でノルマは18kg前後だが、大きな葉をつけるルフナの茶園では22〜23kgほど。山岳地帯でないとはいえ重労働であることには変わりない。

その他の国の
茶の産地
1

キーマン（祁門）

KEEMUN

気候風土と味わい

亜熱帯気候の山岳地帯で育まれるオリエンタルティー

インドのダージリン、スリランカのウバ、そして中国のキーマン。この3つが世界三大銘茶と呼ばれる紅茶の最高峰だが、唯一本国でもてはやされていないのがこのキーマンである。

キーマンは中国南東部、安徽《あんき》省を走る黄山山脈の周辺に広がる、中国紅茶の代表的な産地だ。気候区分としては亜熱帯に属し、年間の平均気温は高いが、山に近い地域は日中の温度差が大きく、また年に200日は雨が降る。この気候風土は紅茶の茶樹栽培に適しており、インドやスリランカとはまた別の味わいを生んだ。

最も特徴的なのは、イギリス人を魅了したオリエンタルな香りだ。上位ランクの茶葉に備わる、ランの花、リンゴ、糖蜜などを思わせる洗練された香りである。味わいは濃厚な渋みがありながらも甘みを帯び、その絶妙なバランスが身上だ。特級品などはぜひともブラックティーで楽しみたいが、手頃な価格のものを気軽にミルクティーで味わうのもいい。

世界的な知名度はとても高いが、国内ではほとんど消費されず、ほぼ輸出用となる。

茶園の広さ／約9300ヘクタール
葉の形状／OP　収穫時期／3〜9月

世界三大銘茶のひとつとして名高いキーマン茶
東洋的な香りとコクでイギリス人に愛された

キーマンティーには超特級品から三級品まで10以上の品質ランクがあり、はっきり区別して出荷される。

茶葉のグレードとシーズン

茶摘みは春先に行われるが出荷するのは秋の終わり

キーマンの紅茶には、インドのアッサムのように大量消費にこたえる役目はない。茶葉が持つユニークな香味をできるかぎり生かすことが第一なので、グレードはOPタイプ。この大きめの茶葉から、何とも複雑な香りやどっしりした渋みが抽出される。

収穫は年に4～5回行われるのが普通で、特級品と呼べるのは、春先の3月から4月にかけての時期。だが、品質に違いがあるというより、この2カ月でおもな茶摘みを終えるといったほうが正確かもしれない。10月から翌年の3月までは茶摘みは行われないが、製茶や出荷の作業は引き続き行われる。

製造方法

多くの工程を経て完成するので「工夫紅茶」とも呼ばれる

伝統的なオーソドックス製法でOPタイプの茶葉を作る。萎凋、揉捻を経た茶葉はそのまま発酵棚に並べられる。亜熱帯とはいえ春先はそう気温も上がらず、発酵は遅い。「工夫紅茶」の別名もあるほど製茶の工程は多く、20近い工程を経て8月にようやく出荷となる。

品質のランク分けがあるので、キーマンのテイスティングは入念に行われる。

発酵棚に敷きつめられた茶葉。OPタイプなので、揉捻した後でも葉のサイズが大きい。

History

19世紀の後半に栽培を開始 いまや世界で最も高価な紅茶

官職を退いて故郷の安徽省に帰ってきた余千臣《ヨセンジン》という人物が、1876年にキーマンで上質な茶葉の生育に成功。紅茶工場を設立し、やがて世界的名声を得る中国紅茶の歴史をスタートさせた。

ほどなくしてイギリス王室御用達となり、現在でも女王の誕生日にはキーマンティーを飲む習慣が残る。超特級品は世界三大銘茶でも最高値をつけるので、その意味では世界一の紅茶といえるだろう。

キーマンティー、中国伝統のおいしさを物語る3つの風景

1 育てているのは中国種

紅茶の茶葉はアッサム種と中国種に大別されるが、キーマンの紅茶はもちろん中国種。中国種の茶葉を使うのはこのキーマンとダージリンだけで、それ以外の産地の茶葉はアッサム種である。タンニンが少ないので渋みが弱く、甘みを感じさせる味わいは中国種ならではのものだ。

2 キーマンの茶荘

「茶荘」とは茶を売る店のこと。日本では店名に「茶荘」を入れた中国茶のカフェが各地に登場しているが、現地ではカフェではなく、日用品として茶葉を売る店をさす。中国の紅茶はほぼ輸出用なので、店頭にあるのは緑茶がメインだが、キーマン市内の茶荘ではもちろんキーマンティーも扱っている。

3 キーマンの茶工場

1876年に設立されて以来、130年以上にわたり銘茶を作り続けている「安《あん》徽《き》省《しょう》祁《きー》門《まん》茶《さ》厰《びょう》」。その品質があまりに優れているため、キーマンを騙る粗悪品が次々に登場し、皮肉にもキーマンそのものの評価を下げてしまうという状況も生じている。

ジャワ

JAVA

ティーフードはもちろんのこと 食事にも合う快適な飲み心地

気候風土と味わい

スリランカティーに似た軽快な紅茶を産する

北海道の1・5倍ほどの面積に1億2000万人以上の人々が暮らす、人口密度世界一の島がジャワだ。茶産地はおもに西ジャワの高原に広がっており、標高は1500mを超える。

茶畑は、ダージリンのような険しい山間ではなく、比較的平坦な土地に作られている。気候風土がスリランカに近いので、できる紅茶も似通っている。

渋みや香りが穏やかで、後味もサラリとしているので、〝食中茶〟として楽しむのがぴったりの紅茶である。

茶園の広さ／約2万7000ヘクタール
葉の形状／BOP、CTC
収穫時期／通年

中部ジャワ地方のパギララン農園で茶摘みをする女性。

（写真上）茶の古木。自然のままに任せると10mにもなる。（写真左）おもに茶園地帯は標高1500mを超える高原に広がっている。

茶葉のグレードとシーズン

BOPとCTCの茶葉を生産 シーズンの違いは弱い

ジャワで作られている茶葉はBOPとCTC、それとごくわずかながらOPタイプも必要に応じて作られることがある。茶葉の収穫は一年を通じて行われているが、おもなシーズンは5月から11月まで。クオリティシーズンというようなものはないが、年間を通じて安定した品質の茶葉を供給している。価格も一定している。なお、季節風が吹いた年はその影響を受けるので、年ごとの生育状況の違いはある。

製造方法

紅茶の生産は国が管理 やがてCTCが主役に？

BOPとCTC、少量のOPが作られているが、いずれも製法はごく一般的なスタイルで、ジャワ特有の製法というものはない。ただ、インドネシア国内の紅茶の生産をすべて国が管理し、高い品質を保っていることは特色といえる。

ジャワ全体の生産量のうちBOPとCTCがそれぞれ半々の割合だが、1980年代後半から導入されたCTC製法は今なお増加傾向にある。やがてCTCがジャワの紅茶の主流になると予想される。

History

戦前は世界のトップ3入り 一時衰退するも復活を果たす

茶の栽培の歴史は古く、1690年、植民地としていたオランダが中国種の苗木を植えたのが最初である。ただ、産業としての紅茶栽培は1872年のアッサム種の導入からスタートし、第二次世界大戦前にはインド、スリランカに続く世界3位の生産量を誇った。

しかし、第二次世界大戦とその後のオランダからの独立戦争により、茶園が破壊されたり、また食料栽培にまわされたりして、紅茶の栽培は衰退。だが、1971年に世界銀行の借款とスリランカによる栽培指導で復活を果たした。

その他の国の茶の産地 3

ケニア

KENYA

わずかな期間で生産量を伸ばした 新天地・アフリカの一大生産地

気候風土と味わい

熱帯でも高地なので涼しい マイルドな味わいのCTC茶

インド洋に臨む東アフリカ、赤道直下の国・ケニア。気候帯としては熱帯に含まれるが、国土全体の標高が高いので、熱帯のイメージとは少々異なる。とくに茶畑は標高１５００〜２７００ｍという高地にあり、気温も最高で25℃くらいまでしか上がらず涼しい気候である。

味わいはＣＴＣならではのマイルドさが身上で、ティーバッグに使われることが多い。また、風味は穏やかでも水色はしっかり濃く出るので、ミルクティーにするとほどよい色合いが楽しめる。

茶園の広さ／約11万ヘクタール
葉の形状／CTC
収穫時期／通年

ロットごとにテイスティングをして、茶葉の品質をしっかりチェックしている。

茶葉のグレードとシーズン

作られる茶葉はほぼCTC
通年変わらない品質を保つ

リーフタイプからCTCタイプまで、何種類かのグレードの茶葉を作る産地もあるが、ケニアの紅茶はほぼ100％がCTCである。

一年のうち雨季と乾季が一度ずつあるものの、クオリティシーズンと呼ぶほど特別な時期はなく、年間を通じて安定した品質の茶葉が作られている。

発酵槽は温度と湿度が徹底管理されている（写真左）。子どもを背負ったまま茶摘みをする女性（写真下）。

ナーサリー（育苗床）できちんと守られた挿木用の苗木。やがて茶畑の木に移植される。

製造方法

驚異的な生産量の伸びは
茶葉の生育スピードも一因

ケニアで紅茶産業が本格化したのは、世界的に製茶技術の機械化が進んだ1960年代だったこともあり、ケニアにはCTCマシンによる製茶がすみやかに導入された。マシンなど製法自体はほかの産地と基本的に変わらないが、ケニアの特性としては茶葉の生育の早さが挙げられる。

摘んだあとに1～2週間ほどで次の茶摘みができるようになるので、大量の茶葉を次々にCTCマシンで製茶し、世界トップクラスの生産量が可能になったのである。

History

アッサムの種から栽培開始
独立を経て大量生産を実現

ケニアの紅茶産地としての歴史は短く、栽培がスタートしたのは1903年のことである。植民地支配をしていたイギリスが、インドからアッサム種の種子を持ち込み、ナイロビの西、ケリチョーやナンディーヒルなどの地に植えた。

1924年から企業経営となったが、イギリスから独立する前はケニア人が紅茶栽培や茶園経営をすることは禁じられていた。そのため本格的な生産がはじまるのは1963年、独立を果たしたころから。この時期から、ケニア茶業開発機構（KTDA）の主導のもと、小規模農家による茶栽培が本格化する。

CTC製法主体の大量生産でどんどん生産量を伸ばし、2005年の統計ではスリランカを抜いて第2位となった。

茶葉の分類

Lesson 1

緑茶と紅茶の違いはどこにある？

1 緑茶も紅茶も原料となる茶の木は同じ！

紅茶の原材料となる植物は和名を「チャ」といい、ツバキ科の常緑樹である。原産地は中国で、雲南省のチベット山脈の高地、および中国東南部の山岳地帯が発祥だといわれる。日本の茶畑は、人間の腰から胸くらいの低木のイメージだが、それは摘みやすくするために剪定《せんてい》しているせいだ。茶の木は育つに任せると10mを超えるほどの大木になる。

今では東南アジアを中心に広い地域で栽培されているが、おもにインド種と中国種に分かれる。インド種はアッサム種ともいい、大きな葉形が特徴だ。葉先がツンと尖っていて、色は淡い緑色である。一方の中国種は葉が小さく、インド種の半分ほどのサイズだ。葉先は尖らず丸みを帯びていて、色も濃い。

このうち紅茶に向くのはインド種で、熱帯地方ならではの強い日光をたっぷり浴びて、紅茶特有の渋みをもたらすタンニンを生成する。とはいえ、中国種からも紅茶用の茶葉は作られている。

茶にはインド種と中国種がある!

中国種

日本の茶もこの中国種である。
葉は色濃くつるりとしている。
インド種に似た大葉種もある。

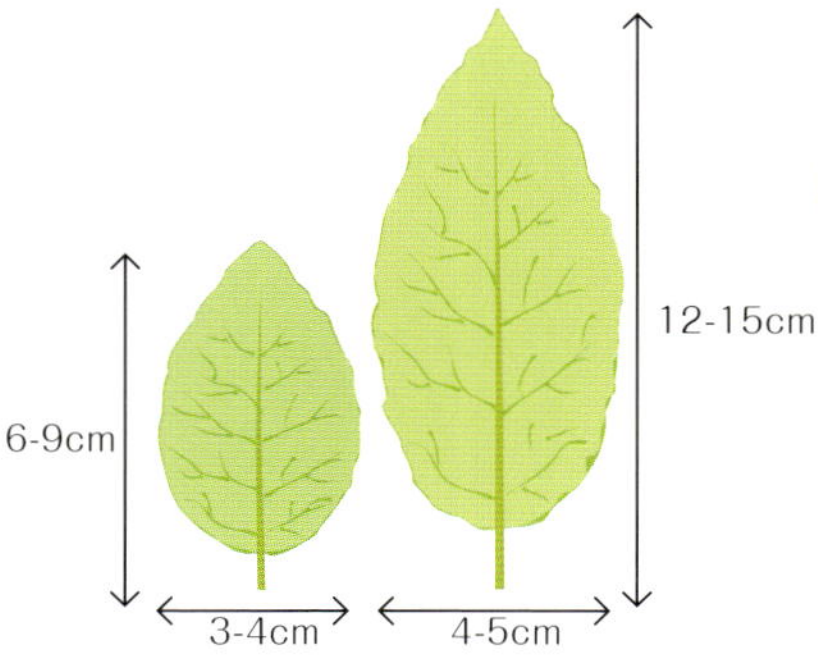

インド種

葉長は中国種の約2倍と大きく、
表面は凸凹で繊維も粗い。熱帯
産で寒い地域では育たない。

発酵による茶の分類

◉生葉《なまば》

摘まれた茶葉は長期保存ができないので、すぐに工場に運ばれて製茶される。自分では工場を持たず、生葉を売る小規模な農家もある。

完全発酵茶

◉紅茶

黒に近い色になるまで十分に発酵させると紅茶になる。花や果物を思わせる香りも発酵によって生まれる。

半発酵茶

◉中国茶 (ウーロン茶)

文字どおり、途中まで発酵させた茶葉。緑茶と紅茶の中間で、色合いもまさにそのとおりの茶色になる。

不完全発酵茶

◉日本茶

製茶の工程で発酵を行わず、蒸したり乾燥させたりして発酵を阻止している。ただし多少の自然発酵は起こる。

2 日本茶、中国茶、紅茶。その差は発酵の強さにあった！

紅茶の原材料となる茶の木は、実は日本茶や中国茶の原材料ともなる。では、できあがるお茶のちがいはどこから来るのだろうか。

答えは「発酵の強さ」である。摘み取った茶葉をどれくらい発酵させるかによって、緑茶になったり紅茶になったり、さらにはそれ以外のさまざまなお茶に仕上げられるのだ。

発酵による分類は、上図にある通り3つに分かれる。摘み取ってすぐの茶葉(生葉)から、不完全発酵（発酵させない）、半発酵（途中まで発酵させる）、完全発酵（黒くなるまで発酵させる）へと枝分かれする。

生葉の状態では、世界のどこで摘まれた茶葉でも、青々とした鮮やかな葉であることに変わりはない。その土地の気候や摘み方などによる違いが収穫後まもなく現れてくるが、基本的には同じスタートラインに立っているといえる。

不完全発酵茶は、もんだあとの茶葉を蒸したり炒ったりして発酵を防ぎ、もともとの緑色に近い色合いで仕上げるものだ。我々に身近な日本茶はこれに当たる。そのほか、清茶（おもに台湾で作られる薄いウーロン茶）、龍井《ロンジン》茶（中国の緑茶）なども不完全発酵茶である。

中国茶（ウーロン茶）などの半発酵茶は、発酵を途中でストップさせる。つまり少しだけ発酵させた状態で、色は茶色っぽい茶葉になる。希少価値の高い白《パイ》茶（葉に白い産毛を持つ大白種などから作る）も半発酵茶である。

そして、十分に発酵させたのが完全発酵茶である。紅茶はこの完全発酵茶に分類される。できあがりの茶葉は半発酵茶よりもずっと深い茶色を帯び、それによって紅茶ならではの美しい水色と心地よい香り、渋みが生み出される。

Lesson 2

茶葉の製造方法

紅茶はどうやって作られるの?

1 紅茶の製造方法は2つある!

摘みたての茶葉は、当然ながら葉の形のままで、鮮やかな緑色をしている。それがどんなプロセスを経て、細かく刻まれた黒褐色の茶葉になるのだろうか。

製品としての茶葉を作ることを製茶というが、製茶には大きく分けてふたつの方法がある。ひとつはオーソドックス製法と呼ばれるもので、その名の通り、古くから行われてきた〝正統派〟の方法だ。機械化はされているものの、工程ごとに人の手が入り、茶葉本来の個性を生かした紅茶ができあがる。

紅茶の茶葉を買うとき、萎れたような小さな茶葉と、小さな粒状のものがあることに気づいた人もいるだろう。前者がオーソドックス製法で作られた紅茶だ。

もうひとつ、後者の粒状の茶葉になる製法が、大量生産のために考案されたCTC製法だ。押しつぶす（Crush）、引きちぎる（Tear）、丸める（Curl）、の3工程をひとつの機械で自動的に行い、作業効率を大幅にアップさせた。

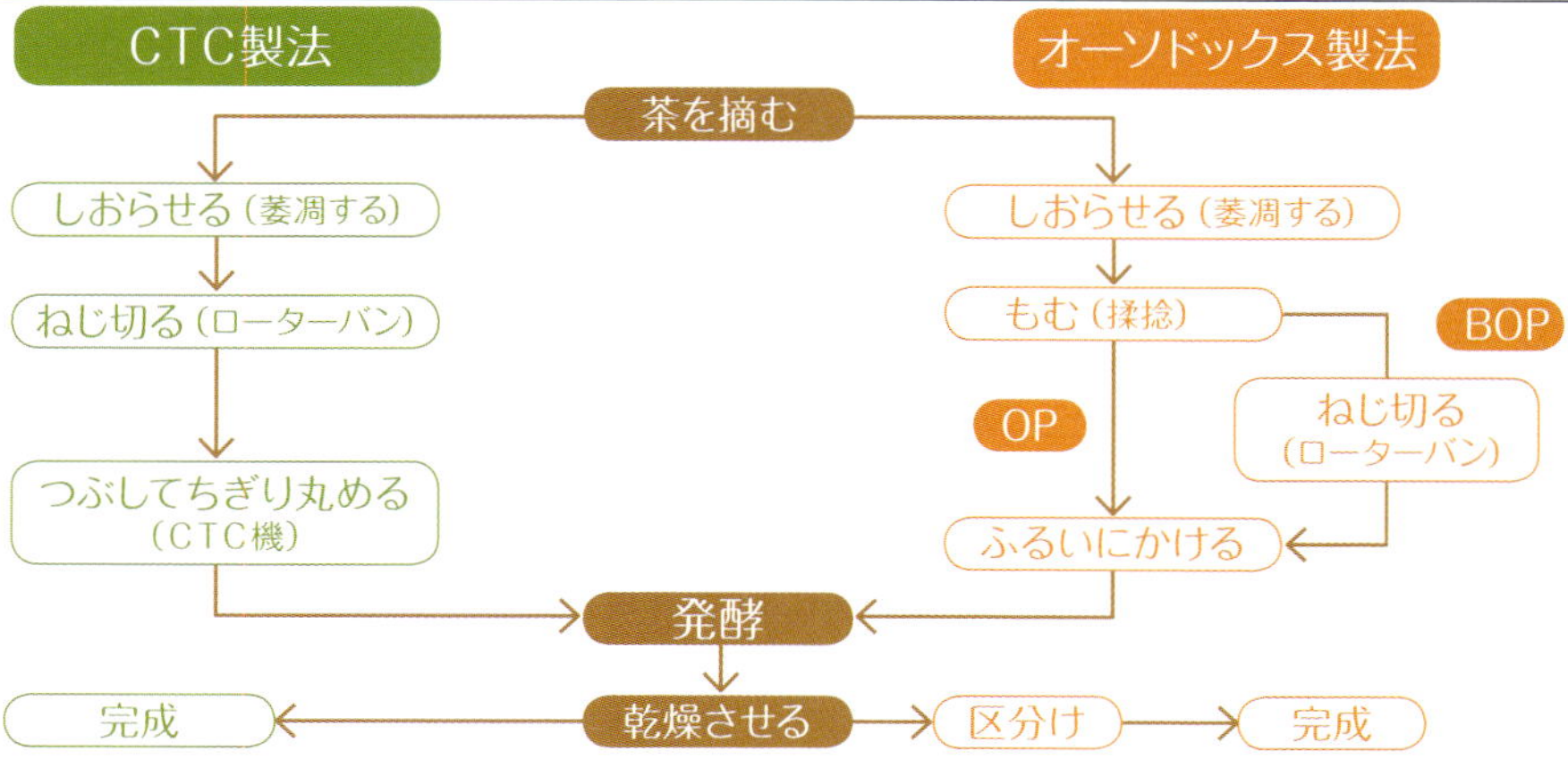

2 熟練者が茶摘みすれば品質が変わる！

製茶の工程にはさまざまな機械が導入されているが、茶摘みだけは今なお手作業で行われている（紅茶以外の茶摘みは機械を使うこともある）。それだけ、茶摘みの重要度が高いということだ。

紅茶用の茶葉は、先端の新芽と1枚目、2枚目の葉までを摘む一芯二葉が理想とされる（下図参照）。3枚目より下の葉は、上質な紅茶にするには育ちすぎているので、使われる場合は量産品向けとなる。3枚目の芽の付け根には次の芽が成長を待っていて、この3枚目をマザーリーフと呼ぶ。

このように、茶葉としてベストな状態の葉だけを収穫し続けるためには、茶摘みと剪定を同時にこなしていかなければならない。下手な摘み方をすると、翌シーズン以降の茶葉の育ち具合にまで影響してしまうので、その責任はとても大きい。同じ茶葉でも、茶摘みをするのが熟練者か初級者かで品質がまるで変わってしまうのである。

茶畑での茶摘み風景は、ややもするとのどかな印象を受けるが、製品としての茶葉の質を左右する重要な作業だ。

茶の部位による名称と摘み方

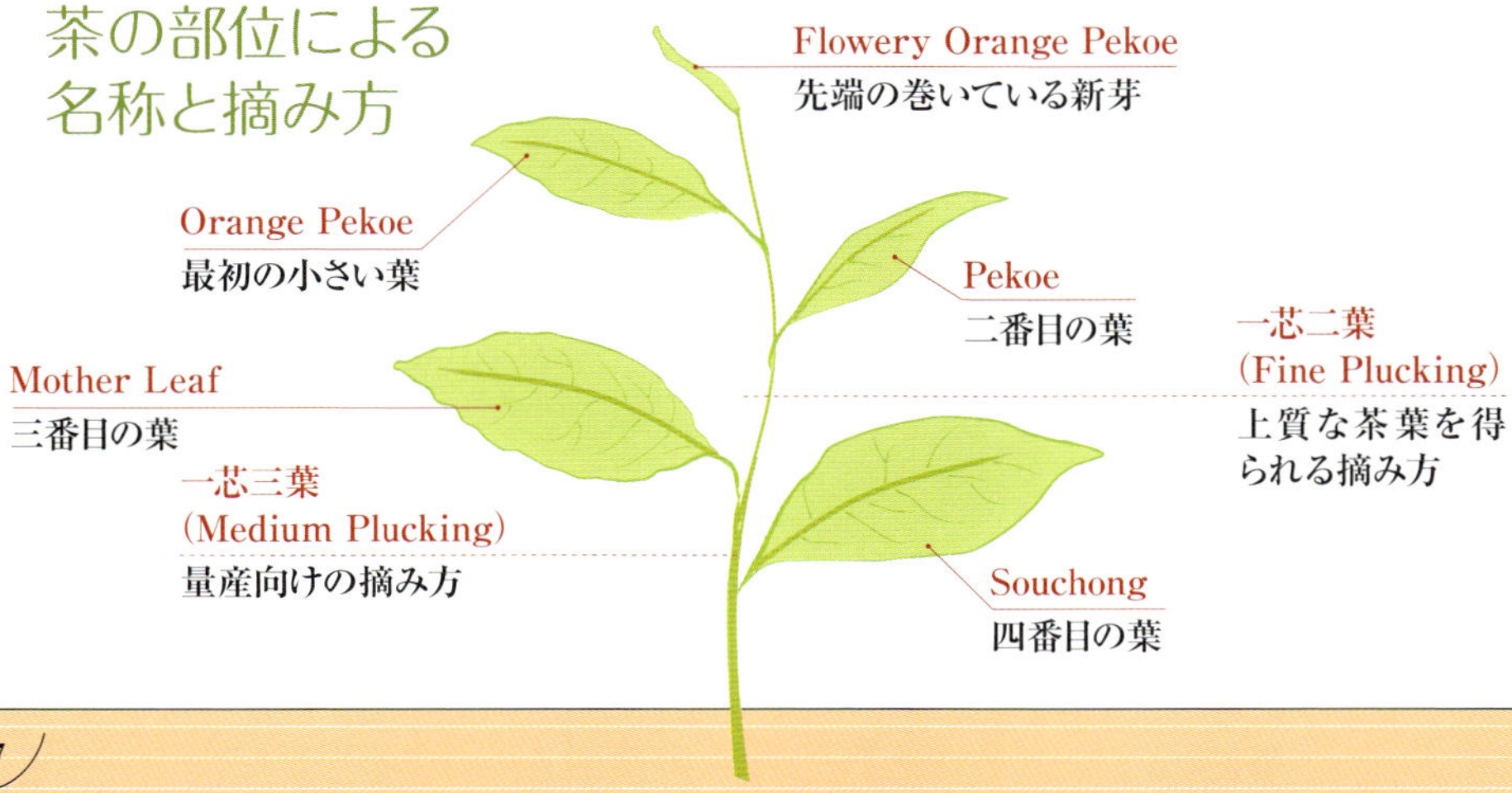

オーソドックス製法

1 ◉萎凋《いちょう》する（しおらせる）

生葉は水分を多く含むので、もみやすくするために40～50％ほど乾かして萎《しお》れさせる。

2 ◉もむ（揉捻《じゅうねん》）

しおれさせた茶葉を揉捻機へ入れる。手のひらを擦り合わせるような動きで葉をもみ、葉汁を出す。この葉汁によって酸化発酵がはじまる。

3 ◉ねじ切る（ローターバン）

さらに葉汁を出し発酵を進めるために、ちょうど肉のミンチを作るような機械にかけて、茶葉を細かくねじ切る。

4 ◉ふるい分け

ローターバンにかけられた茶葉は、ぼってりとした塊になる。それをふるい分けて、発酵を促進・均質化する。

5 ◉発酵

専用の台や棚などに茶葉を広げ、空気に触れさせて発酵させる。電熱線を敷いた台の上で、人工的に熱を加えて短時間で発酵させる方法もある。

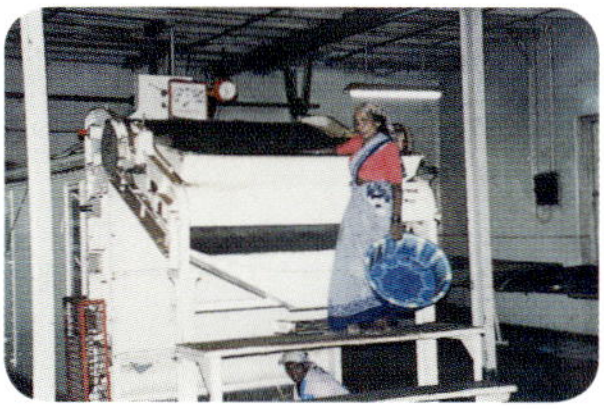

6 ◉乾燥させる

乾燥機に入れて、発酵を終えるために熱風で乾燥させる。水分を3～4％まで落とす。乾燥は品質の安定や保存のためにも必要だ。

7 ◉区分けする（ソーティング）

乾燥を終えた茶葉はしばらく放置して温度を下げる。それから茎や軸などを取り除き、メッシュのサイズに分けてサイズや形状を整える。

8 ◉完成

同じサイズ、形状ごとにふるい分けられた茶葉は、それぞれの箱に詰められて完成となる。萎凋から完成まで、だいたい13時間ほどで一連の製茶の工程が完了する。

CTC製法

1 ◉萎凋する(しおらせる)

CTC製法でも茶葉をまず乾燥させる。生葉の水分の30〜40％を飛ばしてしおらせる。

2 ◉ローターバンにかける

萎凋を終えたあと、ローターバンに茶葉を入れて、やや細かくねじ切ったあと、そのままCTC機にかける。

3 ◉ CTC 機にかける

製法の名前の由来であるCTC機は、表面に細かい刃をつけた2本のステンレス製ローラーの動きにより、茶葉を押しつぶし、引きちぎり、粒状に丸める。その後の発酵や乾燥まで連続したシステムも登場している。

4 ◉発酵

丸い粒状になった茶葉を、専用の部屋で広げて発酵させる。発酵の工程自体は、オーソドックス製法でもCTC製法でも同じである。

5 ◉乾燥させる

十分に発酵させたら、発酵を止めるために乾燥させる。茶葉を乾燥機に入れ、熱風を当てて水分を減らしていく。これもオーソドックス製法と同様の工程だ。

6 ◉完成

茎や軸も一緒に粒状になっているので、CTC製法にふるい分けの作業は必要ない。手間が減るだけでなく、歩留まりのよさもCTC製法のメリットのひとつである。

CTC 粒の大きさはどこで決まる？

CTC製法で作られる粒状の茶葉には、大きさに多少の違いがある。これはCTC機の設定によるものだが、おもな理由は渋みを調節するため。タンニンの多い茶葉は大きめの粒でマイルドに、タンニンが少なければ小さい粒にして凝縮させる。こうして最終的にベストな状態に仕上げるのである。

Lesson 3

茶葉のグレード

品質のよしあしはどこで決まる？

茶葉のグレードで品質は決まらない！

普通、グレードというと「品質やクオリティのランク」といった意味で使われるが、紅茶のグレードは品質とは別モノである。単に茶葉の形状（サイズ）を区別するための基準にすぎない。

グレードには7～8の種類があり、それぞれおよその形状（サイズ）を示すが、国際的な統一規格があるわけではない。たとえば同じオレンジ・ペコといっても、国ごとの違いはもちろん、産地や工場によっても多少の違いがある。

おもなグレードは、茶葉の大きい順にオレンジ・ペコ、ペコ、スーチョン、ブロークン・オレンジ・ペコ、ブロークン・オレンジ・ペコ・ファニングス、ファニングス、ダストなど。抽出の速さと風味の豊かさのバランスがいいことから、現在はブロークン・オレンジ・ペコの評価が高くなっている。また、ファニングス以下のグレードは普及品のティーバッグなどに使われることが多いが、必ずしも香味が劣るわけではない。

なお、CTCはこれらのグレードには含まれない特殊な位置づけである。

茶葉のタイプ

OP

オレンジ・ペコ／形がそのまま残る

BOP

ブロークン・オレンジ・ペコ／ OPを細かく切る

CTC

シー・ティー・シー／専用機械で粒状に製茶

クオリティシーズンカレンダー

ひとくちに「紅茶の旬」といっても、その時期や長さは産地によってまったく異なる。シーズンで茶葉を選ぶようになれば楽しみも倍増!

Lesson 4

茶葉のシーズン
紅茶の旬で味はガラリと変わる

クオリティシーズンの茶葉はなぜ高価になる?

最近は栽培技術の進歩により、農作物に「旬」がなくなりつつある。しかし、紅茶の世界ではまだまだ「旬」がとても大切な意味を持っている。紅茶の旬はスリランカではクオリティシーズンと呼ばれ、インドではファーストフラッシュ、セカンドフラッシュなどと呼ばれる。

紅茶の茶葉は、一年を通して収穫できるのか、どの時期に上質な茶葉が摘めるのかが品種や産地によって大きくちがう。たとえば、スリランカでは一年中茶摘みができ、収穫が可能だが、ウバのクオリティシーズンは7～8月である。いっぽうディンブラやヌワラエリアのクオリティシーズンは1～2月だ。

クオリティシーズンの茶葉は、それぞれの産地ならではの紅茶の個性、つまり、香り・水色・味わいのよさが十分に備わっている。だからこそ、ほかの時期の茶葉よりも高い値段で取引されるのである。

Lesson 5

茶葉の保存

購入したままでは紅茶は劣化する？

専用の容器で保存が鉄則！

ほかのドリンクに比べて、紅茶は決して風味の強い飲み物ではない。穏やかで繊細な香りや味わいを、ゆっくり楽しむものである。となれば、買ってきた茶葉の品質をキープすることが大切だ。

茶葉を保存するときの大原則は、とにかく購入時の状態を維持することだ。一度開封した缶や袋の紅茶は品質の劣化を防ぐために、専用の保存容器（ティーキャニスター）をぜひ使ってほしい。そのうえで、次のポイントを守りたい。

まず、紅茶の身上でもある香り。ほかの食品からのにおいが予想以上に移るので、においの強い食品の近くや冷蔵庫の中には置かないこと。

次に注意したいのが湿気である。紅茶の茶葉は6～7％ほどの水分しか含んでいないので、じめじめした場所だとすぐに湿気を吸い、たちまち味が落ちる。ひどい場合はカビが生えてしまう。

もうひとつの大敵は熱だ。電子レンジや冷蔵庫などキッチン家電の上、ガスコンロのそば、直射日光の当たる場所などに置いてはいけない。

茶葉が嫌う3つのダメ

茶葉は専用の保存容器に入れ替え、
室温で日の当たらない場所で保管が鉄則

熱

大幅な温度変化を避け、室温をキープすること。紫外線による風味劣化にも注意する。

湿気

紅茶の茶葉は乾燥した状態なので、水分を吸収しやすい。湿気の多い場所は厳禁!

におい

香りを出しやすいフルーツ、スパイスなどの近くに置くと、そのにおいが茶葉に移る。

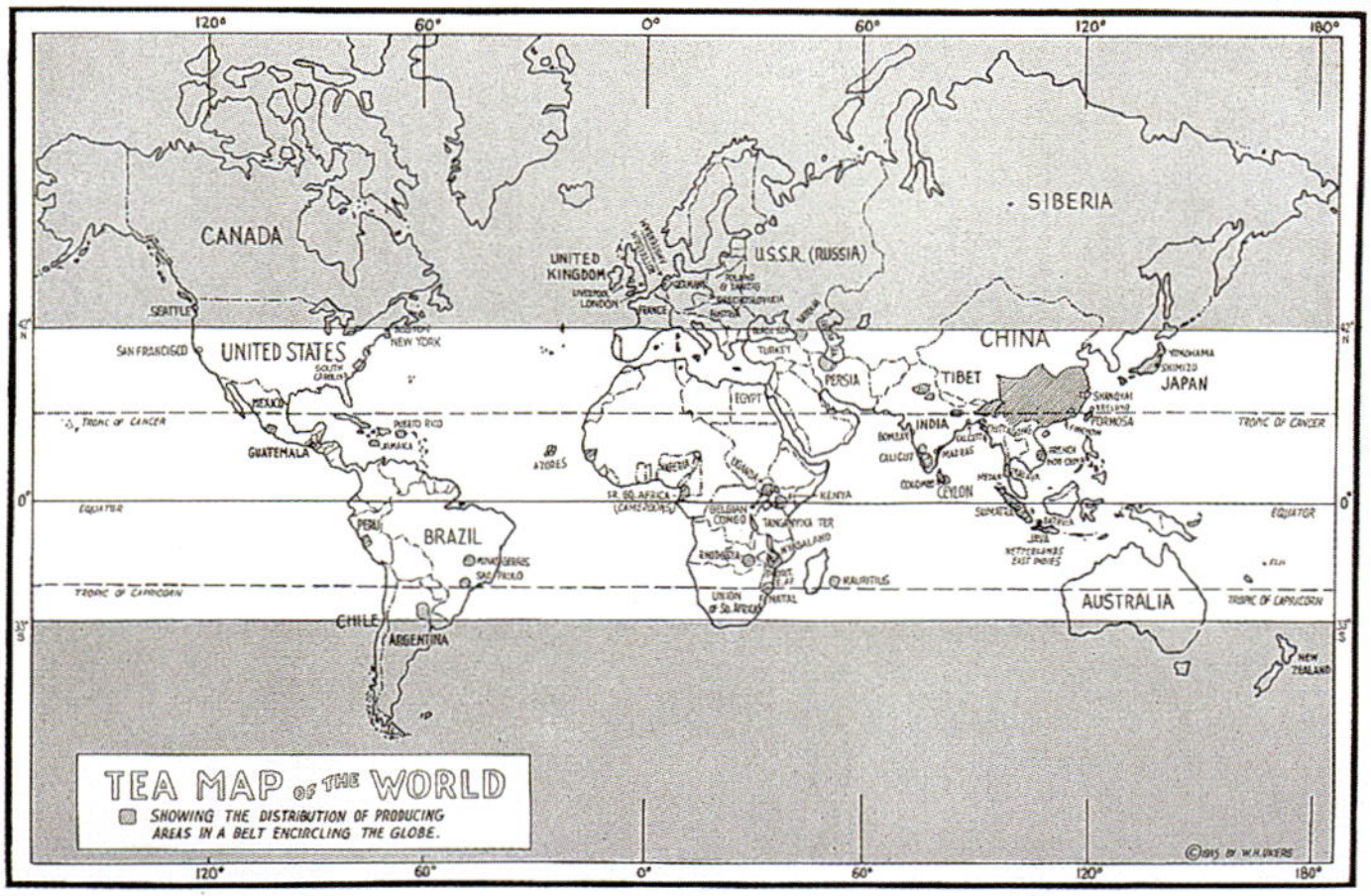

1935〜1940年ぐらいの茶の生産地の地図。世界の紅茶の産地は、そのほとんどが北緯45度～南緯35度の範囲にあり、ティーベルトと呼ばれている。

Lesson 6

紅茶の生産地

インドVSスリランカの勝者はどちら？

セイロンティーは生産量は少ない!?

紅茶マニアではない人にとって、紅茶という言葉からイメージする国は、おそらくイギリスとインドだろう。イギリスならアフタヌーンティー、インドならチャイがそれぞれ有名である。

だが、紅茶の生産地となると、イギリスは外れ、代わりにスリランカが入ってくる。インドとスリランカは、国の広さでは比べものにならないが、紅茶の生産地としてはどちらもよく知られた存在だ。インドの生産量が92万8000トン、スリランカが31万7000トンである。

茶が栽培できる生育条件は、高い気温と豊富な降水量だ。そのため、茶の産地は上写真のティーベルトに収まる。中国も国土の大半がティーベルトに含まれ、実際も茶の生産量は93万5000トンと世界一だが、そのほとんどが中国茶であり紅茶はごくわずかな割合でしかない。

なお、近年は紅茶生産の新天地としてケニアの成長が著しく、生産量でいえばスリランカを抜いて世界第2位である（32万9000トン、生産量の数値はすべて2005年の統計）。

生産地によるちがいを楽しむ

茶葉の種類と特徴

これまで、世界のおもな生産地についてひととおり学んできた。
では各地で生産される茶葉にはどんな種類があるのだろう?
また、それぞれの見た目や味はどうちがうのか?
茶葉と水色の写真を添えてその特徴を紹介していきたい。
(基本的に味は渋みの強弱を表します)

ダージリン DJ1

フレッシュな香り漂う 超・初摘みの希少な茶葉

初摘みのファーストフラッシュよりも、さらに早い時期にテスト的に摘む茶葉を製茶したもの。製品として市場に出はじめたのは2000年前後からだが、やっと生えかかった葉を探して摘むため、希少価値は非常に高く、ひとつの工場から40kgしか出荷されないというようなレベルである。

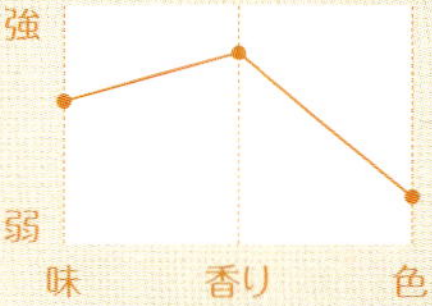

楽しみ方

試し摘みの紅茶だが、これ以上ないほどのフレッシュ感がDJ1の醍醐味なので、やはりブラックティーしか考えられない。

ダージリン ファーストフラッシュ

春の風がそよぐような フルーティな香りは秀逸

3月のはじめから4月にかけて摘まれたものだ。当然ながら量が少なく、市場でも高値で取引される。グレードはOPで、たくさんのチップを含んでいる。2時間以上かけて発酵させるが、まるで緑茶のような色合いで、マスカットやバラなどの花束を思わせる香りが漂う。

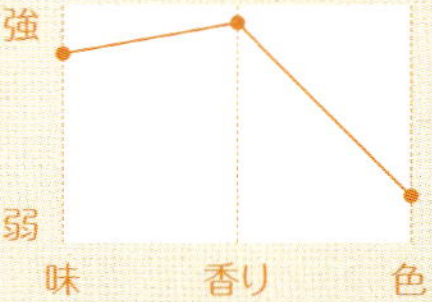

楽しみ方

ほかのどの茶葉にも似ていない、独特のフレッシュな香味を満喫したいので、ブラックティー以外の飲み方はおすすめできない。

ダージリン セカンドフラッシュ

初夏に摘まれる二番摘みが ダージリンのトップランク

摘む時期は5月から6月下旬まで。初物という意味ではファーストフラッシュに分があるが、香りや味わいの深みとバランスではこちらが上だ。日が長くなって気温も上がり、ダージリンティーの代名詞であるマスカットフレーバーがもたらされる。水色も赤みを帯びて美しい色になる。

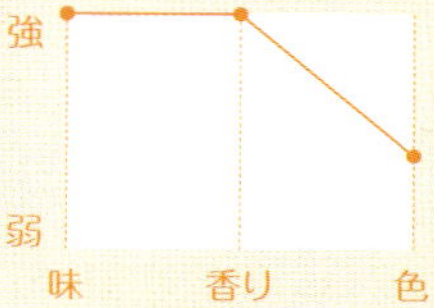

楽しみ方

ファーストフラッシュ同様、これもブラックティーで飲むのが鉄則だ。世界最高峰といわれる紅茶の香味を堪能してもらいたい。

ダージリン オータムナル

秋摘みのダージリンは ミルクティーにぴったり

ダージリンティーの最終便、10月から11月にかけての時期に収穫されたもの。発酵した茶葉は十分に茶色を帯び、渋みや水色もファーストフラッシュに比べてかなり強くなっている。香りだけはやや弱まっているものの、草や花を思わせるダージリンならではの個性は健在である。

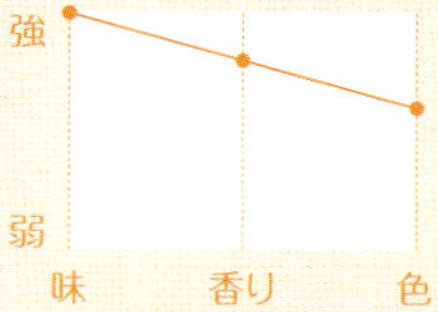

楽しみ方

渋みが強く、また水色もダージリンでは一番濃く出るので、ミルクティーで楽しむのがよい。ヨーロッパではとくに人気が高い。

アッサム OP

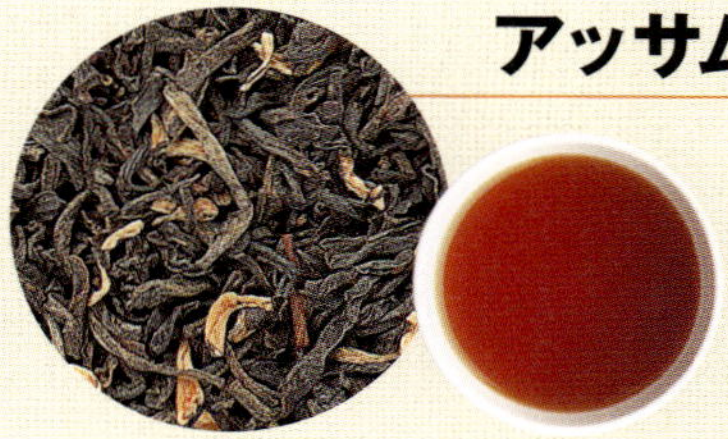

アッサムのOPタイプは かなりレアな茶葉のひとつ

受注生産などでごく少量だけ作られる。使われる茶葉は4月中旬から6月にかけて収穫されるセカンドフラッシュで、ゴールデンチップを多く含む高級茶葉である。味わいは濃厚で深みがあり、適度な重み、甘みを備えつつも、トータルではやわらかな印象を与える見事なバランスである。

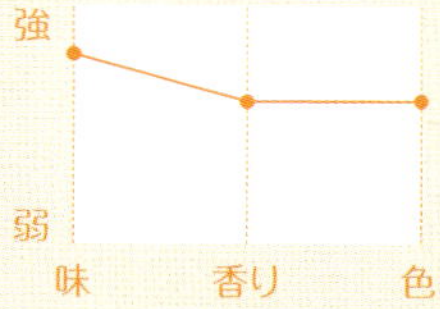

楽しみ方

せっかくアッサムのOPを手に入れたなら、蒸らし時間を5～10分と長く取り、しっかり味を出したブラックティーで楽しみたい。

アッサム CTC 大粒

ポットでも抽出できる
BOPに近いタイプの茶葉

CTCの大粒タイプは、ティーバッグでも使えるが、ポットに直接入れても抽出できるように作られている。大粒タイプになるのは、大きなサイズの生葉を製茶するときで、BOPタイプに迫る紅茶らしい香りが得られる。渋みが少なくやさしい味わいで、水色は透明度の高い深い赤となる。

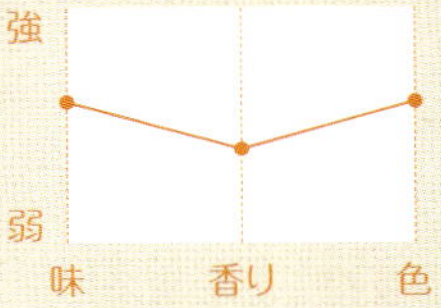

楽しみ方

BOPタイプのようにポットでいれて、深い水色とオーソドックスな香り、渋みの少ないマイルドな味を楽しむ。ミルクティーもOK。

アッサム CTC 中粒

オーソドックスな香りで
渋みも弱く飲みやすい

大粒タイプよりやや小さいサイズだが、ポットでも抽出できる大きさになっている。中粒は形が崩れにくいので、ポットで抽出してもにごりにくく、深い赤色がきれいに出る。一般的な紅茶のイメージに近いオーソドックスな香りで、味わいは大粒に似て渋みが少なく、ライトで飲みやすい。

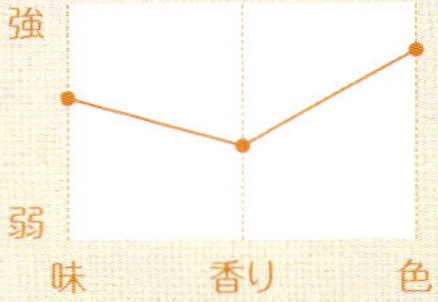

楽しみ方

にごりの少ないクリアな水色になるので、アイスティーにすると見た目もよい。ブラックティー、ミルクティーと幅広く楽しめる。

アッサム CTC 小粒

水色と渋みがともに濃厚で
ミルクティーに最適な茶葉

小粒タイプはほとんどが輸出用で、おもにティーバッグ用として製品化される。粒が小さいためナイロンメッシュではなく不織布や紙の目の細かいティーバッグが使われる。大粒、中粒に比べると濃厚な渋みが感じられるが、ブレンド用の紅茶としても世界的に大きな需要を得ている。

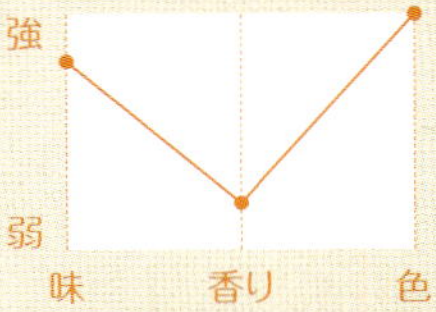

楽しみ方

渋みが強く、またコクもしっかり感じられるので、ミルクティーが最適である。黒っぽい赤の水色もミルクティー向きだ。

ニルギリ BOP

**ニュートラルさが個性
旬の茶葉なら上質な香りも**

ニルギリティーの特徴はニュートラルな、よい意味で個性のない味わい。ただしクオリティーシーズンの茶葉はフルーティー、フラワリーな香りをまとうのでBOPが適す。快い刺激を感じる渋みを持ち、スリランカのハイグロウンに似ているが、それよりやや個性が弱くなったという印象である。

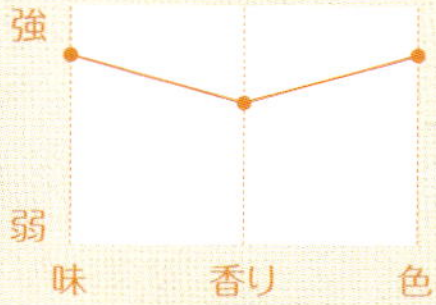

楽しみ方

気軽に楽しめるスタンダードな紅茶なので、ブラックティーやミルクティーのほか、スパイスやハーブでアレンジするのもよい。

ニルギリ CTC

**輸出用ティーバッグが主流
ブレンドやアレンジにも向く**

ニルギリのCTC茶は、おもに輸出するティーバッグ用として作られる。ニルギリティーの象徴ともいえるクセのない味わいで、各メーカーのブレンド用としても多く使われている。BOPに比べると渋みは弱いが、味わいとしては濃厚さが感じられる。香りはきわめて穏やかである。

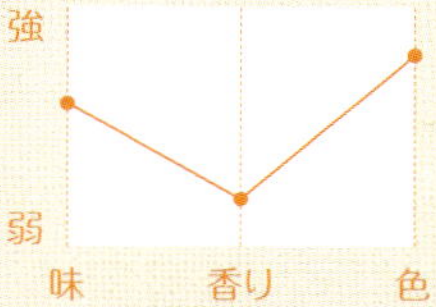

楽しみ方

ミルクティーをはじめ、家庭でのオリジナルブレンドやアイスティーなど、さまざまな飲み方に対応できる使いやすさがある。

アッサムティーのゴールデンチップ

ゴールデンチップとは、OPタイプの茶葉を製茶したときに含まれる芽（チップ）の部分のこと。なぜ金色がつくかというと、揉捻の工程で出る葉汁が芽について、そのまま発酵・乾燥すると芽が金色に着色されるからだ。生葉の生育がよくなければ十分な葉汁が出ないので、ゴールデンチップは4月中旬～6月のセカンドフラッシュと、9～11月のオータムナルによく見られる。味は若干マイルドだが水色や香りに影響はない。

茶色の茶葉に混じって含まれるゴールデンチップ。視覚的な高級感を演出するのに一役買っている。

ウバ BOP クオリティシーズン

夏のモンスーンが育む
さわやかな香りの紅茶

7～8月がウバのクオリティシーズンだが、乾季で収穫量がとても少なく、一層プレミアムな茶葉となっている。ウバティーの特色である強い渋みは、クオリティシーズンにはとりわけ刺激的になる。バラやメントールを思わせるさわやかな香りと合わさって、独特の個性を持つ味わいになる。

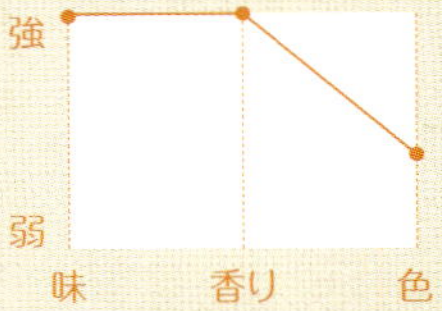

楽しみ方

突き抜けるようなさわやかな香りを楽しむにはぜひブラックティーで。淡い水色なので、なるべく真っ白なカップを使うとよい。

ウバ BOP クオリティシーズン外

収穫時期が旬のわずかに前でも
香味や水色はがらりと変わる

クオリティシーズンとちがって雨季に収穫される。香りの性格はすっきりとした爽快さから、フラワリーな甘さに変わる。また、ウバティーの個性である渋みも、刺激的なものから力強さを感じるタイプに変化する。水色はオレンジからぐっと濃くなって、深い赤色をたたえるようになる。

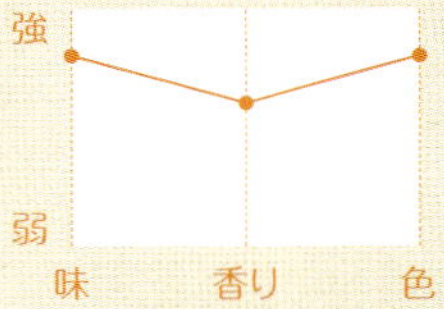

楽しみ方

香りのちがいを楽しむには、やはりブラックティーがおすすめだ。強い渋み、濃い水色なのでもちろんミルクティーにも向く。

ディンブラ BOP

スタンダードな風味が魅力
わずかに旬の時期もある

スリランカの紅茶らしい、フラットな風味がディンブラティーの特徴である。ただし、1～2月のクオリティシーズンに摘まれた茶葉は、香りにバラを思わせるフラワリーさとフレッシュさがあり、また適度に強い渋みも得られるので、ディンブラの最高品質の茶葉となっている。

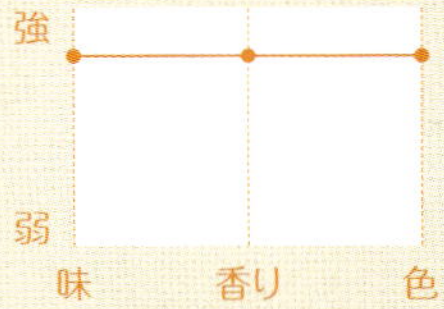

楽しみ方

飲み方を選ばないオールマイティな紅茶だが、1~2月の茶葉なら、ブラックティーで香りや渋みを楽しむのがよいだろう。

ヌワラエリア BOP

高地特有の気候が生み出す香りと渋みの個性を味わう

穏やかで飲みやすいスリランカティーのなかで、ハイグロウンならではの個性を持つのがヌワラエリアだ。ヌワラエリアの紅茶はこのBOPタイプが主流であり、香りは草のようなグリニッシュさとフラワリー、フルーティーさを備える。1～2月のクオリティシーズンは刺激的な渋みも楽しめる。

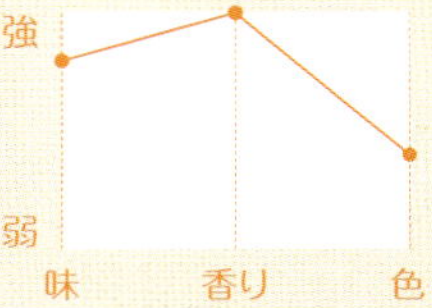

楽しみ方

しっかりした渋みも特色だが、なによりも豊かな香りを味わうことが大切な紅茶なので、ブラックティーで飲むのがベストである。

キャンディ BOP

マイルドな味わいの元祖スリランカティー

キャンディはスリランカティー発祥の地であり、標高４００～６００ｍというかなり低い土地で茶葉が栽培されるため、香り、渋みともクセのないマイルドな紅茶となった。そのなかで唯一、個性として光るのは水色の美しさである。これぞ紅茶、というような輝きのある赤色になる。

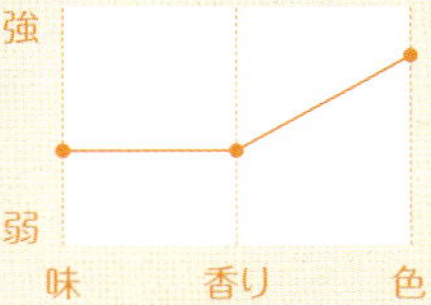

楽しみ方

渋みが少なく、香りも穏やかでマイルドな味。日常茶としてブラックティーで飲んだり、バリエーションを試したり自由に使いたい。

ルフナ BOP

高い気温が大きな葉を育て香ばしい香りを生む

ルフナはスリランカで最も低い土地だが、南部で気温が高いので葉がよく伸び、揉捻のときに葉汁がたくさん出る。そのため発酵の度合いが強く、ハチミツを焦がしたような独特のスモーキーな香りが生じる。コクのある味わいや水色の強さとは裏腹に、渋みは中程度で飲みやすいタイプだ。

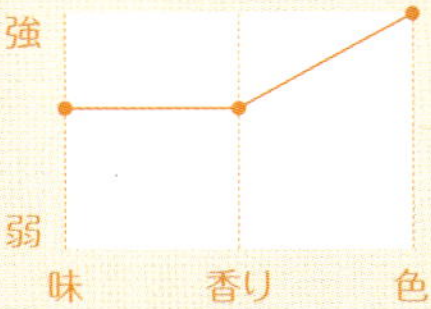

楽しみ方

濃い水色とスモーキーさで一般的にはミルクティーで飲まれることが多いが、茶葉を少なめにしてのブラックティーもおもしろい。

キーマン 特級

**キーマンのトップランクは
イメージと異なる甘い香り**

ほかの産地にないキーマンの特色のひとつが、茶葉の品質の明確なランク分けである。プレミアムな超特級品もあるが、一般にキーマンのトップはこの特級品で、茶摘は3月上旬から4月。半年～1年ほど熟成させる。よくいわれるスモーキーな香りはなく、むしろフラワリーな甘い香りが漂う。

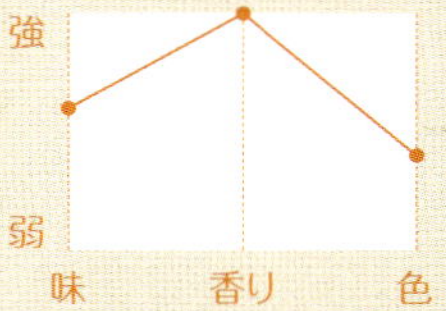

楽しみ方

渋みは弱くマイルドだが、濃厚な味わいと深いコクがあるのでブラックティーがおすすめ。ミルクティーにしてもよい。

キーマン 一級

**一級品がキーマンの主軸
スモーキーな香りで知られる**

製品として最も流通量が多く、キーマンといえば普通はこの一級品をさす。二番摘み以降に収穫された茶葉を使い、これも数カ月から一年ほど寝かせて熟成させる。落ち葉を燃やしたときに出る煙のような、ウッディさをともなうスモーキーな香りがあり、キーマンの代名詞にもなっている。

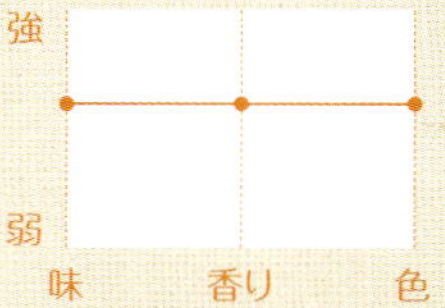

楽しみ方

特徴的な香りを持ってはいるが、渋みがしっかりあるので、ブラックティーよりはミルクティーにしてマイルドに楽しむことが多い。

ジャワ BOP

**クセのない味わいには
抽出力の高いＢＯＰが向く**

ＢＯＰは香りや渋みが強く出やすいグレードなので、ジャワティーの茶葉本来のニュートラルな風味を味わうにはぴったりである。ジャワにはとくにクオリティシーズンがなく、どの時期の茶葉でも一定の風味となるが、季節風の影響を受けた年は、例年より香りの強い茶葉になる。

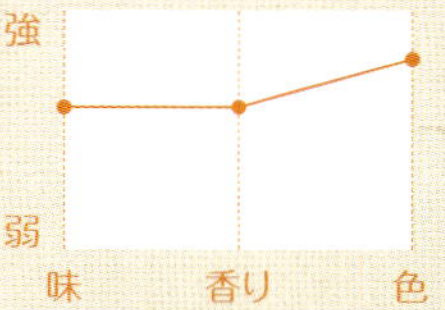

楽しみ方

ブラックティー、ミルクティー、アイスティーなど飲み方を選ばない。食事のときに水代わりに飲める軽快な味わいである。

ジャワ CTC

BOPを追い抜いて主流に
飲みやすく需要も大きい

CTCタイプは、BOP以上にスムーズな飲み心地となる。そのため、各メーカーのブレンド用にも多く使われている。風味はきわめてマイルドなのだが、水色は深い赤色なので、一見渋めの紅茶に見える。ブラックティーで飲むよりは、何かをプラスして楽しみたい紅茶である。

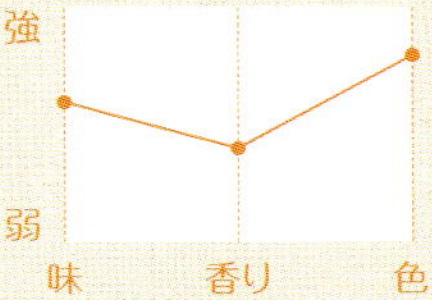

楽しみ方

ティーバッグ同士のブレンド、ハーブ、その他の食材との組み合わせなど、オリジナルのバリエーションを試すのに最適である。

ケニア 大粒

使い勝手のよい便利な紅茶
水色とちがって香味は穏やか

中粒はティーバッグ用だけでなく、ポットに直接入れる茶葉としても使われる。抽出した紅茶は水色がとても濃く、赤というより黒に近い色になる。そのため濃い味の紅茶に見えるが、渋みは強くなく、香りや味わいもマイルドだ。ブレンドのベースに向き、またスパイスとの相性もよい。

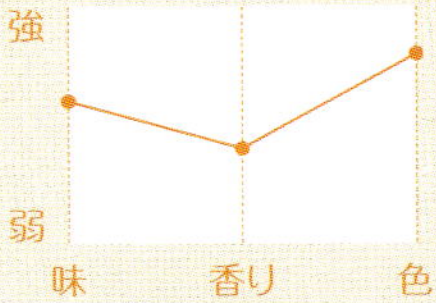

楽しみ方

ジャワCTCと同様に、オリジナルのブレンドを作ったり、フルーツを合わせてみたりと多彩な楽しみ方ができる。

ケニア 小粒

ティーバッグ専用の紅茶
水色はとても濃い

中粒タイプと同じく、いれた紅茶は黒々とした水色になるが、味わいで大きくちがうのが渋みである。小粒の場合の渋みは、強いとまではいかないがパンチがあり、ブラックティーで飲むと気になる人もいるかもしれない。香りはとても弱いので、スパイスで香りを添えるのもよい。

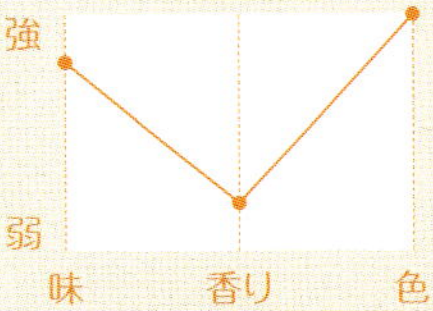

楽しみ方

おもにミルクティー用の茶葉だが、いれるときのお湯を多めにすると渋みが軽減され、ブラックティーでも飲めるようになる。

「オールアバウトティー」

これがなければはじまらない「茶のすべて」が詰まった名著

世界の茶の研究において欠かせない本がある。「茶のすべて」と題されたこの本は、アメリカのジャーナリスト、ウイリアム・H・ユカーズが1935年に上梓した。茶の歴史から産地、製法、飲み方まであらゆる要素をカバーしており、その記事自体も非常に有意義なものだが、とにかく圧倒的なのが、全編に散りばめられたビジュアル的な史料の数々である。

おもだった先駆者たちの写真や肖像、各国の産地の様子、詳細な図解イラストなど、今から集めようとしても到底不可能なレベルの膨大な史料が、ページをめくるごとに目に飛び込んでくるのだ。

なお、この怪著をまとめたユカーズなる人物については伝える記録が乏しく、その人となりは今なお謎に包まれている。

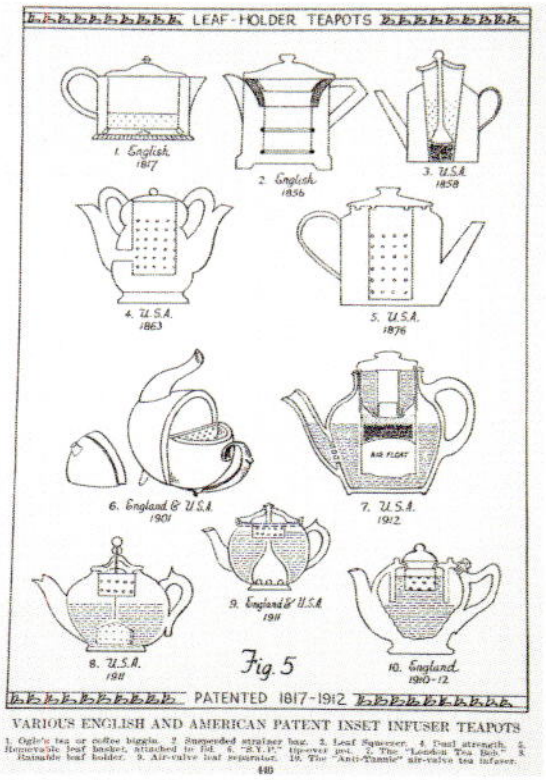

抽出方法にいろいろな工夫をこらしたティーポットの数々。1817～1912年の間に、アメリカとイギリスで特許申請されたものである。

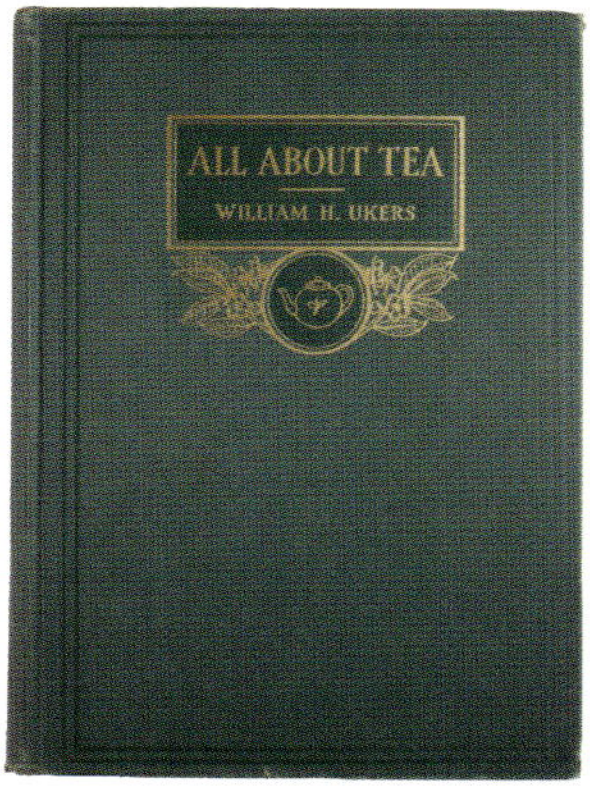

上下2巻にわたり、タイトルどおり茶のすべてを網羅した圧巻の著作。一般の書店はもちろん、古書店でもまず見かけない希少品である。

1930年頃のダージリンの製茶工場のようす。機械で茶葉を振り分けて大きさをそろえている。

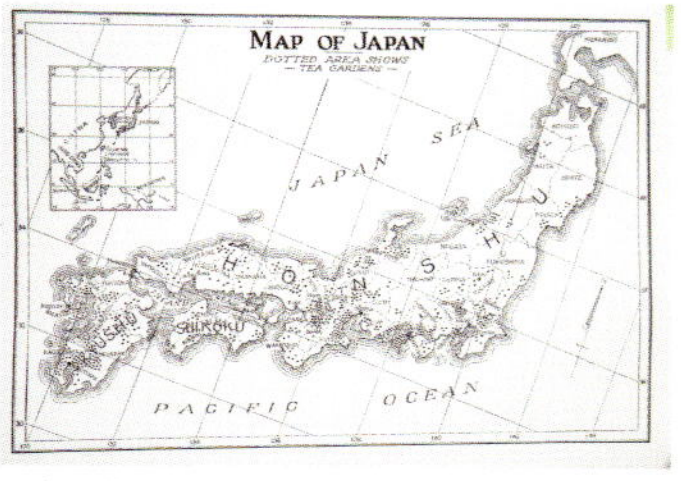

日本の茶の産地を示した地図。ユカーズはこの本のために1929年に日本へも足を運んでいる。

Part 2

紅茶の「履歴書」

英国紅茶論争、
ティーポット、
ブランド etc.

紅茶の履歴書
1

鑑定&テイスティング

トワイニングやリプトン、ジャクソンなど、世界的に知られる紅茶ブランドはどこも専属の優れたティーテイスター（鑑定士）を擁している。茶葉の品質を見分けるだけでなく、ブレンドの仕方や販売地域の水質などまでトータルで考えて製品化する専門家である。

紅茶の鑑定には3つの段階がある。最初に、製茶工場での品質管理のために行われる鑑定。次に、それらの茶葉を買いつける茶商たちが行う鑑定がある。最後が、先にふれた製品化のための鑑定だ。

とはいえ、家庭での鑑定ならそのようなプロフェッショナルなレベルを目指す必要はない。デパートや専門店で買ってきたばかりの紅茶を、よりおいしく飲むにはどうしたらいいのか。その目安を知ることが目的である。あまり難しく考えず、楽しみながらやるのがよい。

紅茶を鑑定するときは、1杯につき3gの茶葉を使うのが基本である。さらに熱湯は150cc、蒸らし時間はOPで5分、BOPで3分とそれぞれ基準の数量があるので、それに沿って行う。このあたりの数量がぶれると風味の正確な比較ができないので、なるべく守りたい。

抽出が終わったら、いよいよテイスティングだ。チェックするのは1水色、2香り、3味わいの3つである。たとえば同じダージリンでもシーズンによってちがいが出てくる。同じ条件で比べることで、そのちがいはわかりやすくなる。

テイスティングの際は、チェックした要素をメモに残し、ファイリングしておくと役立つ。日づけや短評なども添えると、あとで読み返すときに楽しい。

鑑定の歴史

オリジナルブレンドの茶葉を作るために鑑定がはじまった

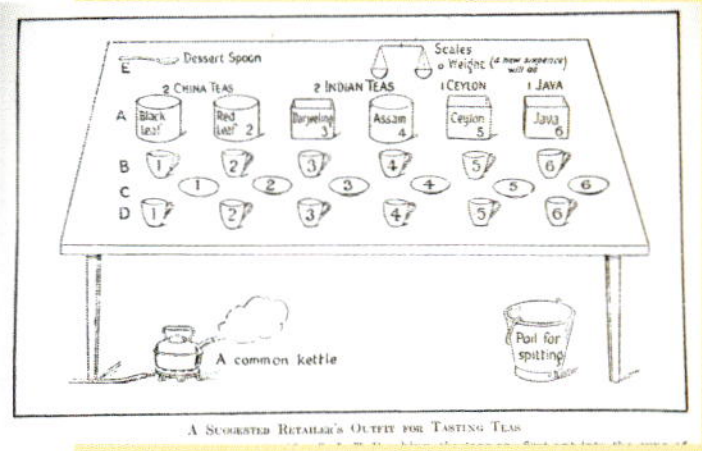

緑茶の鑑定は19世紀以前から行われていたが、紅茶の鑑定が行われるようになったのは、20世紀に入ってからのことである。各ブランドが自社のオリジナルブレンドを作るために、インドやスリランカなど各地の茶葉の品質を厳密にチェックする必要が生まれたのだ。写真はいずれも『ALL ABOUT TEA』（→P72）に記載されている鑑定用アイテムで、上のイラストにはやかん、天秤、スピッツ（口に含んだ紅茶をはき出すための容器）などが描かれている。下の図は鑑定用のテーブルに道具を並べたところである。

鑑定の仕方

ほかと比較できるように分量や時間は正確さを期す

1 茶葉の分量を量る

鑑定時の茶葉の量は3gと決まっているが、家庭で行う場合はティースプーン1杯と考えてよい。茶葉はどんなグレードでも同じ量を使う。

2 熱湯を注ぐ

酸素を多く含ませるため、たっぷりのお湯を沸かす。抽出用のカップに高い位置から注ぎ、なるべくジャンピングが起こりやすいようにする。

3 ふたをして蒸らす

蒸らし時間は正確に計る必要があるので、砂時計やタイマーを用意したい。BOPタイプは3分間、OPタイプなら5分間蒸らす。

4 紅茶を専用のボウルに移す

抽出用のカップには、縁に茶こし用のギザギザがついている。ふたをしたまま、そこからボウルへと注げばよい。何杯か同時に作るときは、ボウルにかけ置いたままでも注げる。

5 残った茶がらをふたに移す

ふたをしたままカップを逆さにし、軽く振ると、中の茶がらがふたの上にのった状態になる。そのままカップを外せば、ふたが小皿代わりになって茶がらの鑑定ができる。

テイスティングの方法

水色を見て、香りを利き、味をたしかめる 紅茶はその3つの要素が大切である

1 水色を見る

ボウルにできあがった紅茶は、まずその水色をチェックする。そのため、ボウルはもちろん白いものを使い、またその場所の照明の状態も考慮する必要がある。

表現方法

黄金色 > オレンジ > オレンジ赤 > 赤 > 深い赤 > 黒い赤

2 香りを利く

紅茶の生命線でもある香りのテイスティングは最も重要だ。花や果物を思わせる香りが中心となるが、それ以外の要素も複雑に絡んでくる。茶葉によって香りの強弱もまちまちである。

表現方法

- スモーキー
- フルーティー
- フラワリー
- グリニッシュ
- フレッシュ
- オーソドックス

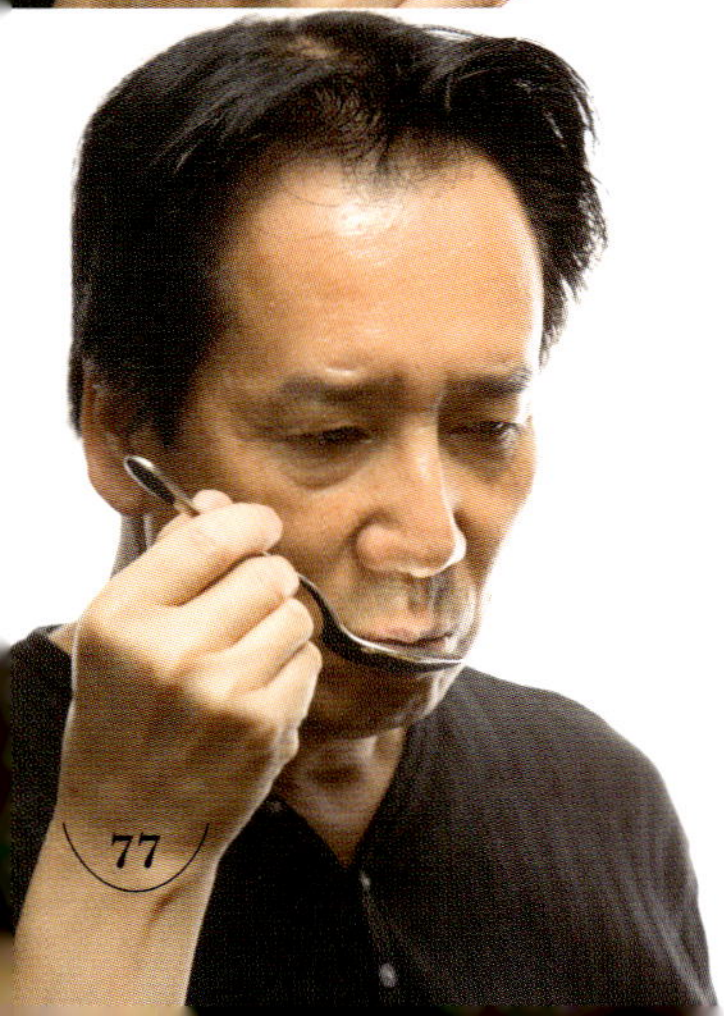

3 味をたしかめる

抽出した紅茶を実際に口に含んでのテイスティング。味わいを左右するのは渋みで、渋みの強弱をしっかりたしかめる。甘み、苦みなどほかの要素とのバランスも大切である。

5種の渋み

弱 ↓ 強

- 弱い渋み
- 中程度の渋み
- 強い渋み
- 刺激的な渋み
- 濃厚で重い渋み

紅茶の履歴書

2

健康学

紅茶は体にいいのか、悪いのか?

17世紀の半ば、中国からイギリスにお茶が入ってきたとき、その薬効がかなり強調されていた。折しも、イギリスでは、エールビールの飲み過ぎによる痛風が大流行。数多くの効能を持つお茶に注目が集まり、「東洋の神秘薬」としてもてはやされたのである。

ロンドンの街にはじめて紅茶が登場したのは、1657年、トーマス・ギャラウェイのコーヒーハウスだった。その3年後、トーマスはまだ一般市民によく知られていない紅茶を売るための宣伝文句として、紅茶の効能について「①頭痛、めまいをなくす ②強壮作用がある……」という具合に20項目を箇条書きにして店内に貼りだした（80ページ参照）。

紅茶の効能にはさまざまなものがあるが、中心となるのはタンニンの働きである。タンニンは、中性脂肪を分解して肥満を防いだり、コレステロールの濃度を下げたり、血糖値を下げたりと大活躍する。タンニンはすべての植物に含まれているが、ほかのお茶と比べて紅茶は最も多いタンニン量を誇る。

また、タンニンはポリフェノールの一種なので、活性酸素の動きも抑制してくれる。活性酸素は、本来は外から入ってきた病原菌に対抗する物質だが、体内で増えすぎると細胞を傷つけて、ガンや脳卒中を引き起こすとされる物質だ。

タンニンの次に大きな役割を持つのがカフェインである。眠気覚ましの効果が有名だが、ほかにも胃液の分泌を促進して食欲を刺激したり、腸炎の症状を軽減したりする。利尿作用もカフェインの大切な薬効のひとつである。

紅茶の成分

味や水色の元となるタンニン、コーヒーよりも含有量の多いカフェイン、うまみをもたらすアミノ酸、その他各種ビタミンなどの成分がある。

1 タンニン（カテキン類）

エピカテキン、エピガロカテキン、エピガロカテキンガレートの総称をタンニンという。

2 カフェイン

コーヒーばかりが有名だが、抽出液1gずつで比べてみると紅茶のほうが含有量が多い。

3 アミノ酸

うまみの素はアミノ酸だ。アスパラギン、アルギニン、グルタミン酸などが含まれる。

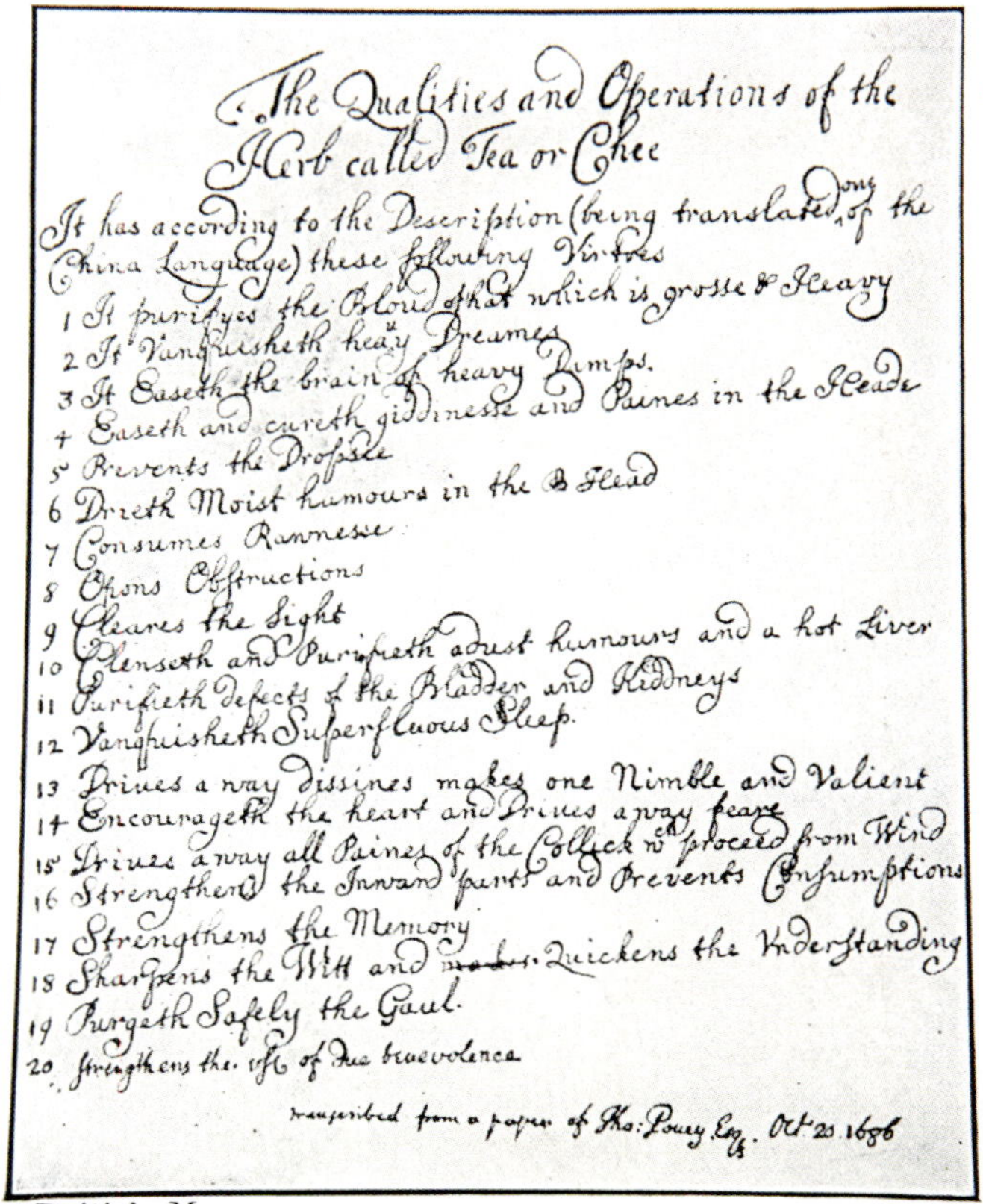

The Qualities and Operations of the Herb called Tea or Chee

It has according to the Description (being translated out of the China Language) these following Virtues

1 It purifyes the Bloud of that which is grosse & Heavy
2 It Vanquisheth heavy Dreames
3 It Easeth the brain of heavy Dumps.
4 Easeth and cureth giddinesse and Paines in the Heade
5 Prevents the Dropsie
6 Drieth Moist humours in the Head
7 Consumes Rawnesse
8 Opens Obstructions
9 Cleares the Sight
10 Clenseth and Purifieth adust humours and a hot Liver
11 Purifieth defects of the Bladder and Kiddneys
12 Vanquisheth Superfluous Sleep.
13 Drives away dissines makes one Nimble and Valient
14 Encourageth the heart and Drives away feare
15 Drives away all Paines of the Collick which proceed from Wind
16 Strengthens the Inward parts and Prevents Consumptions
17 Strengthens the Memory
18 Sharpens the Witt and Quickens the Understanding
19 Purgeth Safely the Gaul.
20 Strengthens the use of due benevolence

transcribed from a paper of Tho: Povey Esq. Oct 20. 1686

British Museum

300年以上前から紅茶には効能があるといわれていた！

今でこそ気軽に飲める紅茶だが、古くは貴重な薬として扱われていた。そこで、17世紀の後半に紅茶がイギリスで売られはじめたときも、薬としての効能が何よりの宣伝になったのだ。

効能宣伝の祖であるギャラウェイが挙げた効能は、①頭痛、めまいの解消 ②体の強壮 ③整腸効果 ④肥満の防止 ⑤視力の改善 ⑥風邪の予防 ⑦記憶力の改善 ⑧泌尿器の洗浄（腎臓結石） ⑨虫歯の予防など20項目だった。

紅茶８つの効能

胃腸を整える

タンニンとカフェインが胃壁を緊張させ、胃液が多く分泌されて消化がよくなる。消化機能が活性化されることで、食欲も増進する。また、腸の炎症を抑えるはたらきもある。

コレステロールや血圧を下げる

多すぎるコレステロールは動脈にしみ込んで硬くなる(動脈硬化)。エピガロカテキンガレートにはコレステロール濃度を下げ、またタンニンは高すぎる血圧を下げる作用がある。

水虫退治

赤い水色の元となるテアレラビンシガレートには強い殺菌力があり、カビの一種である水虫（白癬《はくせん》菌）の発育を抑える。紅茶風呂に入ったり、紅茶で患部を拭いたりしてつける。

糖尿病

血液の中のブドウ糖の量、いわゆる血糖値の上昇をタンニンが防止し、糖尿病を予防。また、タンニンは中性脂肪も分解するので、肥満の側面からも糖尿病の予防効果が得られる。

食中毒を防止

大腸菌をはじめ、さまざまな細菌の繁殖で起こる食中毒。エピガロカテキンガレートはとくに大腸菌に対して強力な殺菌力を持ち繁殖を防いで死滅させることで食中毒の予防となる。

ガン

タンニンのひとつ、エピガロカテキンガレートがリンパ球を活性化し、ガン細胞の分裂を抑える。カテキンの濃度と抑制効果は比例関係に。日米などで研究が進められている。

肥満を防止

紅茶を飲んだあとに軽く運動をすると、タンニンが脂肪のエネルギー代謝を活発にする。そうして中性脂肪が分解されれば、肥満の防止に役立つ。運動とのセットが重要。

老化防止

呼吸で吸った酸素は、体内で活性酸素となり、各所の細胞を酸化させる。脂質が酸化した過酸化脂質は老化の原因で、タンニンはその酸化を防ぎ(抗酸化作用)、老化を防止する。

紅茶の履歴書 3

ブランドヒストリー

トワイニングVSリプトン3つの大きなちがい

紅茶の歴史をたどるうえで、ブランドの存在は欠かせない。トワイニング、リプトン、ジャクソン、ブルックボンド、フォートナム・アンド・メイソンなど、イギリスを中心にさまざまな名ブランドが誕生し、オリジナルの味を追求していく。それにより、紅茶産業そのものが成長していったのである。

18世紀は、紅茶ブランドが産声を上げた時代だ。１７１７年に、トワイニングが紅茶の販売をはじめたのがそれである。その3年後の１７２０年には早くも2番手のフォートナム・アンド・メイソンが登場し、ともにイギリスの紅茶ビジネスをリードしていく。トワイニングの4代目リチャードは、１７８４年に茶税の引き下げを提言し、質の悪い密輸紅茶の蔓延を解消する功績もあった。

19世紀に入ると、リッジウェイ、ビューリーズ、ハロッズといったブランドが創業し、イギリスの紅茶ブランドがますます盛んになる。そのころ、いち早く紅茶ビジネスをスタートしていたトワイニングは、ほかのブランドに先駆けて王室御用達となり、やはり頭ひとつ抜けた存在だった。19世紀の後半には、のちに世界一有名なブランドとなるリプトンが紅茶業界に参入し、華麗な宣伝テクニックを駆使して一気に台頭する。

おもだったブランドは20世紀にはすでに安定した地位を築き、１９０７年にはリプトンのイエローラベルが日本初の紅茶としてやってきた。国産ブランドでは１９２７年に第一号の三井紅茶が誕生し、その後日東紅茶と改名して今に続くブランドとして活躍している。

奇しくもトーマスという同じ名の創業者を持つトワイニングとリプトンだが、それぞれの歩んだ道にはいくつかのちがいがあった。世界の二大ブランドの気になる相違点を探る。

1 経営スタイルと歴史

トワイニングの現社長は10代目スティーブン氏で、初代から続く世襲会社である。歴史も長く300年以上も続いている。一方、リプトンは一代かぎりで、すでにその血は絶えている。社の歴史も150年ほどで、トワイニングよりはかなり短い。

2 売り方

イギリス王室とともに歩んできたトワイニングは、ある種「公的な」茶商だった。自社の伝統を重んじ、ブランドの信用力で商売を続けてきた。反対に、リプトンにはそんな伝統はなかったので、得意の宣伝戦略を駆使して世界へと進出した。

3 茶園の有無

トワイニングを含むほとんどのブランドは、自社の茶園を持たなかった。販売に絞ったほうが低リスクだからだ。しかしリプトンはスリランカに茶園を持ち、「茶園から直接ティーポットへ」という有名なコピーとともに低価格の紅茶を提供した。

ブランド缶コレクション

缶入りのリーフタイプの紅茶を選ぶとき、各ブランドごとに異なるシェイプや絵柄は楽しみのひとつである。リプトン、トワイニングなどの定番ブランドをはじめ、各社の華やかなリーフ缶を集めてみた。

ラビニアティー／2011.2nd.
ダージリン紅茶キャッスルトン茶園
FTGFOP1 MUSCATEL

リプトン／エクストラクオリティ
セイロン

リーフルダージリンハウス／
ダージリンファースト
フラッシュ タルボ農園 DJ-1

トワイニング／クオリティ
ビンテージ ダージリン

ジャンナッツ／ゴールドシリーズ
マルセイユアールグレイ

北欧紅茶／セーデルブレンド
（スモールハウス缶）

マリアージュ フレール／
マルコ ポーロ

フォション／紅茶 LE CHAI
TEA

東インド会社／スタントン
アールグレイ

アーマッドティー／イングリッ
シュブレックファースト

ウェッジウッド／
イングリッシュ ブレックファスト

ナヴァラサ／ダージリンオータムナル
マーガレッツホープ農園 ISETAN 区画
ホワイトシャイニーディライト

フォートナム・アンド・メイソン／
ロイヤル ブレンド

ハロッズ／フレーバーティー
ストロベリー

ハロッズ／ブレックファースト

ハロッズ／ブレンド No.14

紅茶専門店花水木／
1991 花水木

ティージュ／ダージリン

メルローズ／
クイーンズダージリン

ルピシア／ 5215 MOMO 白桃

カレルチャペック／ガールズティー

ロイヤル コペンハーゲン ティー&グルメ／
ダージリン

2012年2月末現在の情報です。その後、パッケージなど
変更になることがあります。

ブランドで読み解く 紅茶史

1720年

フォートナム・アンド・メイソン 紅茶の取扱いを開始する

1707年に創業した高級食品店、フォートナム・アンド・メイソンが紅茶販売をスタート。トワイニングとほぼ同じ時期である。

1837年

トワイニング 王室御用達になる

税制改正を提言しイギリス紅茶界を救った4代目リチャードの時代を経て、ついに王室御用達となり名実ともにトップブランドになる。

19世紀 **18世紀**

1717年

トワイニング 紅茶の取扱い開始

コーヒーハウスとして1706年に創業し、約10年後に紅茶販売をスタートした。

1890年に建てられた店舗。ブランドとしてすでに確固たる地位を築いていた。

19世紀中ごろ

ジャクソン ブレンドティー発売

今でこそ当たり前のブレンドティーだが、当時は各家庭で茶葉を混ぜていた。ジャクソンはブレンド茶葉を市販し注目を集める。

19世紀後半

王室御用達に！

ジャクソンのブレンドティーは評価が高く、王室御用達に認められるまでになった。

1961年 日東ティーバッグ（缶入り）発売

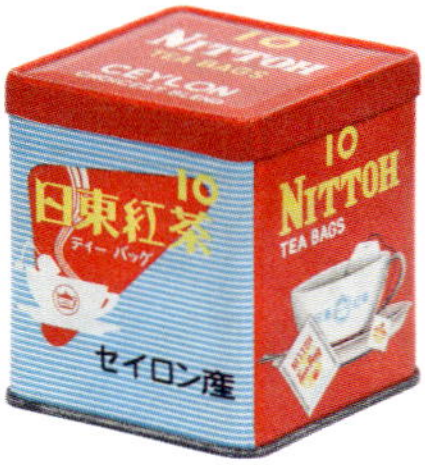

初の国産ブランド缶入り紅茶の発売から約30年、今度は初のティーバッグを発売した。また、ブランド名も1930年に三井紅茶から日東紅茶へと変更し、現在に至っている。

1907年 リプトンが日本で発売される

今も世界各地で親しまれるリプトンのイエローラベルが、日本初の紅茶として発売された。

19世紀後半 リプトン 紅茶取扱い開始

すでに食料品店として成功を収めていたリプトンは、スリランカの茶園を購入し、紅茶業界に本格的に参入した。

21 世紀　20 世紀

1886年 ウィタード 紅茶専門店として創業

食料品店など他業種からスタートしたブランドが多いなか、ウィタードはロンドン西部のシティーで紅茶・コーヒー専門店として創業した。

各社広告合戦が盛んに

紅茶の普及とメディアの発達により、広告による販売効果が拡大した。目を引くポスターやキャッチコピーが花盛りとなった。

1927年 現在の日東紅茶が初の缶入り紅茶を発売

当時のブランド名は三井紅茶といった。高級品だった紅茶を、庶民でも気軽に楽しめるようにと誕生した日本初の国産ブランドだ。

30秒でわかる紅茶ブランド早わかり

TWININGS
トワイニング

1706年の創業以来、300年以上の歴史を誇る世界で最も有名なブランド。オリジナルブレンドを軌道にのせた4代目・リチャードの時代にその地位を確立した。世界90カ国に輸出されているアール グレイがブランドの顔だが、紅茶以外にもハーブ ティーや緑茶など多くの茶葉を扱う。

Jacksons
ジャクソン

ロンドンで食料品店として1860年にオープンした。のちに紅茶を扱いはじめ、19世紀に入ると当時まだ市販されていなかった“既製のブレンドティー”を発売。以後、アールグレイなどのブレンドティー、フレーバーティで世界に知られていった。

WHITTARD OF CHELSEA
ウィタード オブ チェルシー

創業は1886年で、イギリス国内に約130のショップを展開している。「ウィタードの鼻」とも呼ばれているブレンダー、ジャイルズ・ヒルトンが初代ウィタードより代々受け継いでいる茶葉の選択眼とブレンド技術を継承している。

Lipton
リプトン

日本初の輸入紅茶であるリプトンは、1871年に食料品店として誕生した。優れた広告アイデア、茶葉の直接買いつけ、オリジナルブレンド、茶園の所有など斬新な方法を次々に展開し、20世紀のはじめには世界的ブランドとなった。

Harrods
ハロッズ

日本でも有名なロンドンの高級デパート。紅茶商人だったチャールズ・ヘンリー・ハロッドが1849年に開いた食料品店がはじまりである。取り扱う茶葉はインドの契約農園から仕入れ、同一茶園の茶葉だけを使うガーデンティーに特色がある。

Bewley's
ビューリーズ

紅茶の消費量が世界で最も多い国、アイルランドのブランドで、1840年に食品会社として生まれた。直営のカフェが文人たちに愛されたことでも知られている。主軸商品には、契約農園を持つダージリンティーなどがある。

FORTNUM & MASON

フォートナム・アンド・メイソン

300年の歴史を持つ老舗ブランド。王室向けの高級食品店としてスタートし、まもなく紅茶の販売もはじめた。日本への輸出開始は1971年。海外ブランドの輸入紅茶は日本向けにアレンジされることもあるが、フォートナム・アンド・メイソンは本国仕様の茶葉に徹底。日本ではグリーンティー、ハーブティーなども含め約40種100アイテムの紅茶を扱う。

Ridgways

リッジウェイ

1836年、ロンドンで創業したイギリス屈指の老舗。秀逸なブレンドティーで知られ、1886年に王室御用達となる。当時献上されたブレンドティーは今も製品として販売中だ。

FAUCHON

フォション

フランス・パリのマドレーヌ広場にある1886年創業の高級食料品店（写真）。絶大な支持を集めたアップルティーをはじめ、フルーツを中心としたフレーバーティーのラインナップはかなり充実している。

MARIAGE FRÈRES

マリアージュ フレール

ブランド名は「マリアージュ兄弟」の意で、彼らがパリに1854年に設立した。フレーバード ティーだけでも150種類を超える豊富なラインナップを誇り、世界より厳選した銘茶を取り揃えている。タイなど珍らしい産地の茶葉に多く出会えるのもココならでは。

The East India Company

東インド会社

17世紀のヨーロッパ貿易をリードした東インド会社は、国有化を経て1876年に解散。それから約100年後の1978年に紅茶ブランドとして復活した。オリジナルブレンドは往時のブレンドを再現したもので、ほかでは味わえない特色となっている。また、製品の缶のラベルに描かれた紋章も、17世紀の設立当時の紋章をそのまま使っている。

Nittoh

日東紅茶

初のドメスティックブランドで、20世紀初頭には早くも台湾に茶園を開き、茶葉を栽培していた。各産地の茶葉を厳選して買いつけ、ブレンドは日本国内で行っている。製品はティーバッグが中心で、1961年の発売以来、日本のテーブルティーとして親しまれている。

Brooke Bond

ブルックボンド

茶商の子、アーサー・ブルックが5年間の修行を経て、1869年に24歳で開業した。毎日価格が変動する当時の売り方を脱し、一定の品質・価格での販売を定着させた。

1930年代にブルックボンド社が発売し話題となった、クーポン券付き商品に関する広告の一枚。

紅茶の履歴書
4

茶器の研究

BREAKFAST AND TEA CHINA.

それがどんなものでも、趣味の道具を集めたり、古い道具について調べたりするのは少なからず楽しいものである。紅茶の理解を深めるために、ひいてはよりいっそうおいしい紅茶を楽しむために、ここで紅茶の茶器が歩んできた歴史を振り返っておこう。

紅茶が中国からヨーロッパにもたらされたように、茶器もまた17世紀に中国から入ってきたものである。当初は、茶葉と並ぶ商品というより、運搬船のバランスを取るための底荷（バラスト）として扱われることが多かった。正規の売り物ではないため、それらの茶器の売り上げは船長の臨時収入となり、各船の船長たちはこぞって茶器を持ち込んだ。そのおかげでヨーロッパには大量の茶器がもたらされたのである。

当時、お茶の葉というものが高価な貴重品だったことは何度かふれた通りである。それが理由とは断言できないが、このころのティーカップは今のものより小さい。少量をいれて大切に楽しんでいたようすが想像される。

まもなくカップにソーサーがつくようになるが、今のところ、ソーサー誕生の経緯を示す資料は見つかっておらず、はっきりしたことはわかっていない。初期のソーサーは紅茶が注げるほど深く、実際、そこに紅茶を移してすすりながら飲むのが正しい作法とされた。

ティーポットは今では陶磁器のものが主流だが、ヨーロッパでは銀製のポットが使われていた。これは元々ホットチョコレートを作るときに使われていたもので、真上から見ると楕円形をしていた。

紅茶のカップの移り変わり

お茶が貴重だったからか、初期のカップは今よりずいぶん小さかった。やがてソーサーがつき、さらに把手がついて現在に近い形となった。

1 カップのみ

17世紀にヨーロッパに持ち込まれたカップは小さめでソーサーはなかった。

2 カップ＆ソーサー（把手なし／深皿）

ソーサーの起源ははっきりしないが、料理の取り皿のように深い皿だった。

3 カップ＆ソーサー（把手あり／浅皿）

17世紀末、把手つきカップが登場する。高温の湯を使うため、という説が有力だ。

ポット&カップが今の形に変わるまで

ティーボウルとソーサーのセット（1770年頃）。18世紀のものだが、まだ把手はついていない。絵柄に東洋趣味がはっきりと出ている。

把手のない小さな器だったティーカップは、紅茶が普及するにつれてだんだんサイズが大きくなっていく。そして17世紀の末には、現在のような把手つきのカップがロンドンで誕生した。これは陶磁器のビアカップを手本にしたもので、把手は両側と片側の2種類があった。

18世紀に入ると、一時は「把手つき=カジュアル」、「把手なし=フォーマル」という使い分けがされたが、18世紀が終わるころには、今と同じ片側の把手つきが主流となった。

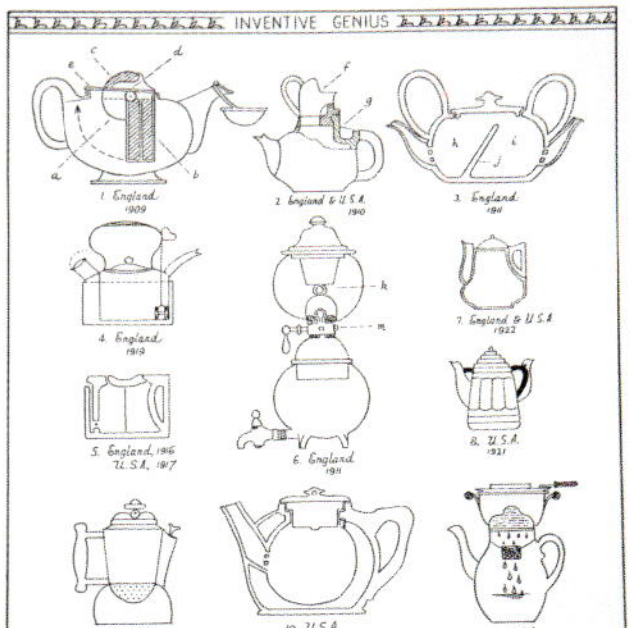

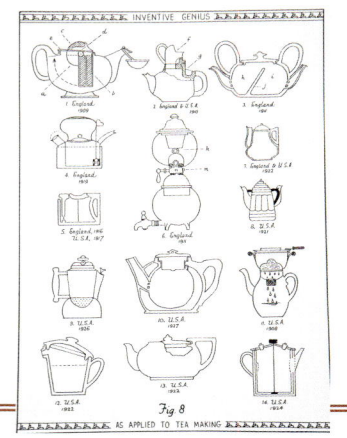

1907年から1924年にかけて、アメリカとイギリスで考案されたティーポットの数々。電動タイプ、ミルクジャグつきなど、ユニークなアイデアが見られる（写真左）。ヨーロッパとアメリカで日常的に使われているティーポットのコレクション。やはり中国をイメージしたポットが見られる（写真右）。

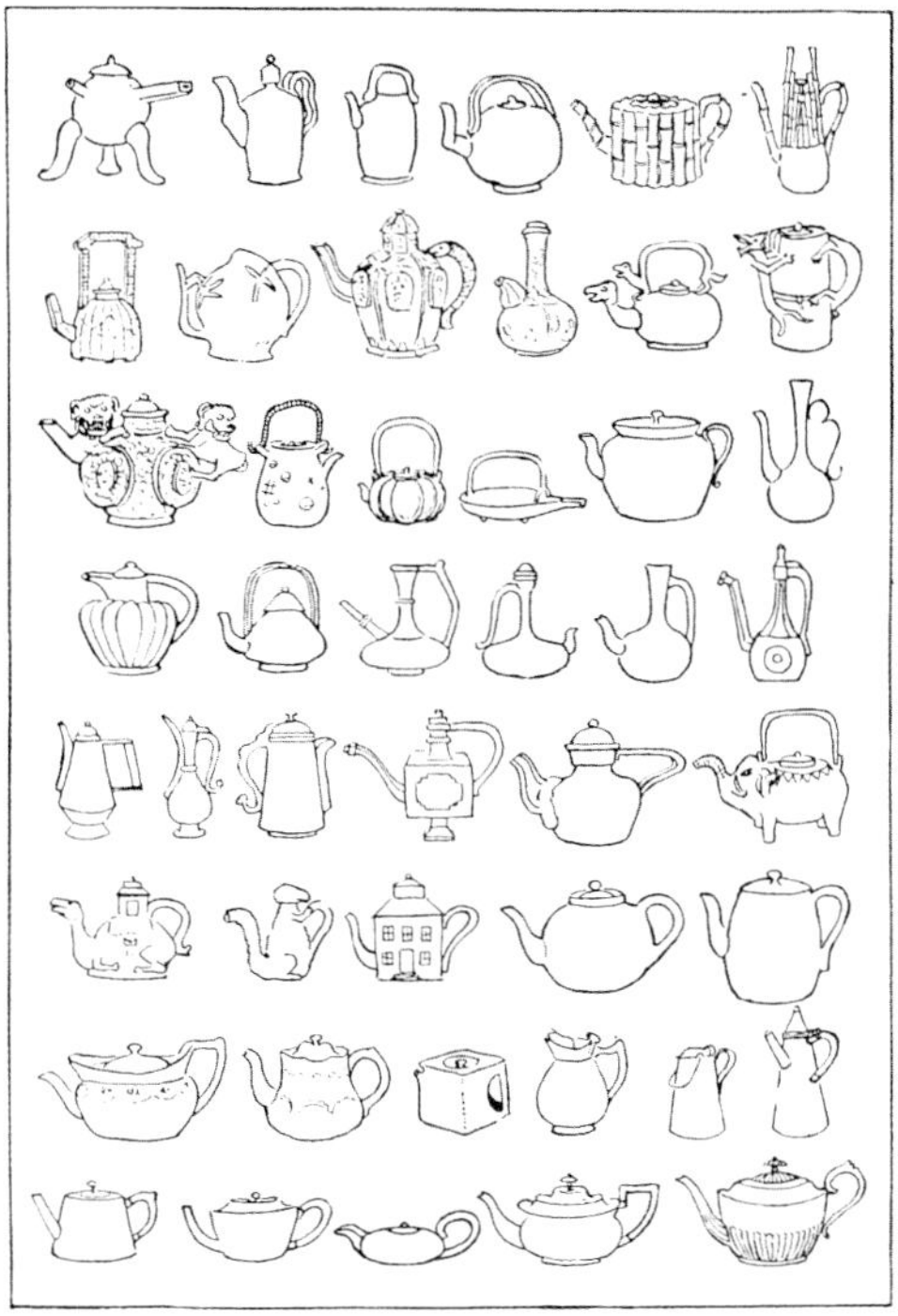

ティーポットの変遷を示すイラスト。龍や獅子をかたどった装飾の中国風ポットもある。

また、イギリスには自国産の上質な陶磁器がなかったが、ティーカップ用の陶磁器であるボーンチャイナが誕生した。素材に牛骨粉を混ぜた、軽くて薄いカップである。

いっぽう、ティーポットは中国の急須から発展し、18世紀に登場した銀製の楕円形ポットを経て、中国の茶瓶をまねた丸型のポットへと移行する。その後、19世紀の後半に中国・景徳鎮で作られた上質のポットやカップがイギリスにもたらされると、その影響からウェッジウッドやドルトン、ミントンといった茶器の名店が誕生し、イギリス発の陶磁器の歴史がスタートした。

「ティーカップの発達」と銘打たれた変遷図。左から右へ時代が進む。

ティータイムを彩るアンティークの数々

ポット

18世紀のイギリスで、元はホットチョコレートを飲むために使われた銀製のポット。

天秤

ティーテイスターが正確に3gの茶葉を量るための天秤。100年前から使われている。

ティーストレーナー

イギリスのアフタヌーンティーをイメージした、スリランカの手作りストレーナー。

ポット

東洋趣味により楕円形から円形へと変化したポット。イギリス製で19世紀初期のもの。

キャディボックス

貴重品だった茶葉を保管するための箱。17世紀の半ば～19世紀の半ばまで使われた。緑茶と紅茶を入れるため、茶を入れる場所が2カ所ある。

はかり

茶葉の量り売り用。19世紀の終わりにリプトンが登場するまで、すべて量り売りだった。

サモワール

ロシアで自国のやかんと中国の火鍋を合体させた、お茶用の湯沸かし器兼暖房器具。

ティーストレーナー

20世紀初頭、イギリスの上流階級の間で使われた。不揃いな穴が手作り感を醸す。

スプーン

スリランカなどアジア圏で、お茶や食事などに使われている銅製の手作りスプーン。

紅茶の履歴書
5

紅茶論争

正しい紅茶のいれ方はあるのか？

紅茶のいれ方研究

　紅茶の本場イギリスでは、長らく紅茶についてある論争があった。「最もおいしい紅茶のいれ方はどれか」という話なのだが、イギリスの紅茶といえばミルクティーである。ブラックティーのいれ方より、ミルクの扱い方が争点だった。

　最初においしいいれ方を提言したのは、1848年、家庭雑誌『ファミリーエコノミスト』誌である。ただし、そこではまだブラックティーのいれ方が主題で、ミルクは「おいしく飲むためのオプション」という程度だった。

　その約百年後、20世紀半ばに、紅茶マニアとして知られる作家ジョージ・オーウェルが自説の11カ条を発表した。彼は紅茶とミルクの順番をはっきり「紅茶が先、ミルクがあと」とした。ミルクをあとに入れるのは、ミルクの量を調節できるからだ。また、風味が落ちるという理由で砂糖の使用に反対した。もっとも、オーウェルは自説がすべて受け入れられはしないだろう、とも公言していた。

　紅茶論争が熱を帯びてくると、本職であるトップブランドたちも議論に参加して盛り上げた。トワイニング、そしてライバルのジャクソンはそれぞれ9カ条のセオリーを発表し、内容はおおむね似通ったものだったが、トワイニングはミルクが先とし、ジャクソンはどちらが先かはとくに明言しなかった。

　このように、イギリスの紅茶ファンを楽しませた紅茶論争は、ミルクインファースト（ＭＩＦ）の説が有力な中、アンドリュー・スティープリー博士の検証にもとづく英国王立化学協会の発表により一応の決着を見ることとなった。

ミルクが先か 紅茶が先か それが問題だ！

とくに熱く議論されていたのが、ミルクティーを作るときにミルクと紅茶のどちらを先に注ぐか、という問題だった。アンドリュー・スティープリー博士は以下の説明で「ミルクが先」と結論づけた。

紅茶が先なら…

↓

牛乳タンパクに変性が起きる！

ミルクが先なら…

↓

熱い紅茶が少しずつ加わる

↓

牛乳の温度はゆっくり上昇

↓

牛乳タンパクに変性が起こらない！

英国王立化学協会による一杯の完璧な紅茶のいれ方
10カ条

まず材料として用意するもの　茶葉（アッサム OP または P）、軟水、新鮮な低温殺菌牛乳、白砂糖、やかん、ポット・カップ（陶磁器）、細かい目のストレーナー、ティースプーン、電子レンジ

1 やかんに新鮮な軟水を注ぎ、火にかける。時間、水、火力などを無駄にせず適量を沸かす。

2 湯が沸くのを待つ間、ポットの４分の１まで水を入れたものを電子レンジに入れ、１分間加熱し、ポットを温めておく。

3 やかんの湯が沸くと同時に、加熱したポットから湯を捨てる。

4 カップ１杯当たりティースプーン１杯の茶葉をポットに入れる。

5 沸騰しているやかんまでポットを持っていき、茶葉めがけて勢いよく注ぐ。

6 ３分間蒸らす。

7 カップは好みで選んでよいが、大きめのマグカップが理想的である。

8 カップに先にミルクを注ぎ、あとからストレーナーを使って紅茶を注ぐ。おいしそうな色合いを目指す。

9 砂糖は好みで適量を入れる。

10 紅茶の飲み頃の温度は 60 ～ 65℃で、これ以上高いと飲みにくく、下品なすする音を立てることになる。

『動物農場』や『1984』などの小説で知られるジョージ・オーウェルは、1903年に当時のイギリスの植民地、インドで生まれた。「一杯のおいしい紅茶」というエッセイを書き、おいしい紅茶のいれ方も提案する紅茶ファンのひとりだった。

そんな彼の生誕100年にちなみ、2003年6月24日、英国王立化学協会は「How to make a Perfect Cup of Tea」と題する文書を発表した。「紅茶のおいしいいれ方」を10カ条にまとめて紹介したのである。英国王立化学協会とは、ただの国内組織ではなく、イギリス内外を問わず幅広い専門家たちで構成される世界的な機関だ。

この、いわば王室のお墨つきである協会からの発表によって、「ミルクが先か、紅茶が先か」の問題がひとまず決着した。むしろ、

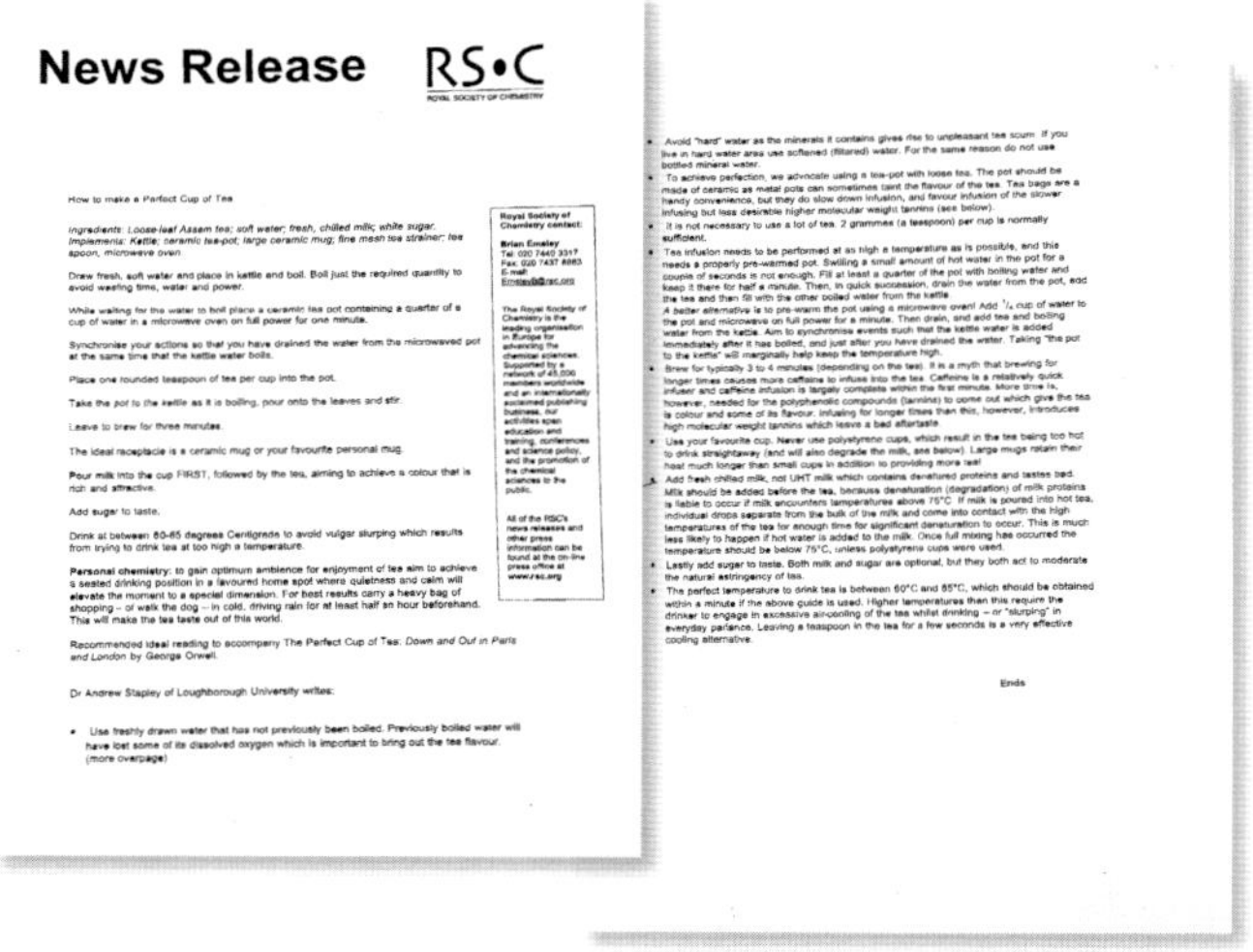

News Release

RS•C
ROYAL SOCIETY OF CHEMISTRY

How to make a Perfect Cup of Tea

Ingredients: Loose-leaf Assam tea; soft water; fresh, chilled milk; white sugar.
Implements: Kettle; ceramic tea-pot; large ceramic mug; fine mesh tea strainer; tea spoon, microwave oven.

Draw fresh, soft water and place in kettle and boil. Boil just the required quantity to avoid wasting time, water and power.

While waiting for the water to boil place a ceramic tea pot containing a quarter of a cup of water in a microwave oven on full power for one minute.

Synchronise your actions so that you have drained the water from the microwaved pot at the same time that the kettle water boils.

Place one rounded teaspoon of tea per cup into the pot.

Take the *pot to the kettle* as it is boiling, pour onto the leaves and stir.

Leave to brew for three minutes.

The ideal receptacle is a ceramic mug or your favourite personal mug.

Pour milk into the cup FIRST, followed by the tea, aiming to achieve a colour that is rich and attractive.

Add sugar to taste.

Drink at between 60-65 degrees Centigrade to avoid vulgar slurping which results from trying to drink tea at too high a temperature.

Personal chemistry: to gain optimum ambience for enjoyment of tea aim to achieve a seated drinking position in a favoured home spot where quietness and calm will elevate the moment to a special dimension. For best results carry a heavy bag of shopping – or walk the dog – in cold, driving rain for at least half an hour beforehand. This will make the tea taste out of this world.

Recommended ideal reading to accompany The Perfect Cup of Tea: *Down and Out in Paris and London* by George Orwell.

Dr Andrew Stapley of Loughborough University writes:

- Use freshly drawn water that has not previously been boiled. Previously boiled water will have lost some of its dissolved oxygen which is important to bring out the tea flavour.
(more overpage)

Royal Society of Chemistry contact:
Brian Emsley
Tel: 020 7440 3317
Fax: 020 7437 8883
E-mail:
Emsleyb@rsc.org

The Royal Society of Chemistry is the leading organisation in Europe for advancing the chemical sciences. Supported by a network of 45,000 members worldwide and an internationally acclaimed publishing business, our activities span education and training, conferences and science policy, and the promotion of the chemical sciences to the public.

All of the RSC's news releases and other press information can be found at the on-line press office at www.rsc.org

- Avoid "hard" water as the minerals it contains gives rise to unpleasant tea scum. If you live in hard water area use softened (filtered) water. For the same reason do not use bottled mineral water.
- To achieve perfection, we advocate using a tea-pot with loose tea. The pot should be made of ceramic as metal pots can sometimes taint the flavour of the tea. Tea bags are a handy convenience, but they do slow down infusion, and favour infusion of the slower infusing but less desirable higher molecular weight tannins (see below).
- It is not necessary to use a lot of tea. 2 grammes (a teaspoon) per cup is normally sufficient.
- Tea infusion needs to be performed at as high a temperature as is possible, and this needs a properly pre-warmed pot. Swilling a small amount of hot water in the pot for a couple of seconds is not enough. Fill at least a quarter of the pot with boiling water and keep it there for half a minute. Then, in quick succession, drain the water from the pot, add the tea and then fill with the other boiled water from the kettle.
A better alternative is to pre-warm the pot using a microwave oven! Add 1/4 cup of water to the pot and microwave on full power for a minute. Then drain, and add tea and boiling water from the kettle. Aim to synchronise events such that the kettle water is added immediately after it has boiled, and just after you have drained the water. Taking "the pot to the kettle" will marginally help keep the temperature high.
- Brew for typically 3 to 4 minutes (depending on the tea). It is a myth that brewing for longer times causes more caffeine to infuse into the tea. Caffeine is a relatively quick infuser and caffeine infusion is largely complete within the first minute. More time is, however, needed for the polyphenolic compounds (tannins) to come out which give the tea is colour and some of its flavour. Infusing for longer times than this, however, introduces high molecular weight tannins which leave a bad aftertaste.
- Use your favourite cup. Never use polystyrene cups, which result in the tea being too hot to drink straightaway (and will also degrade the milk, see below). Large mugs retain their heat much longer than small cups in addition to providing more tea!
- Add fresh chilled milk, not UHT milk which contains denatured proteins and tastes bad. Milk should be added before the tea, because denaturation (degradation) of milk proteins is liable to occur if milk encounters temperatures above 75°C. If milk is poured into hot tea, individual drops separate from the bulk of the milk and come into contact with the high temperatures of the tea for enough time for significant denaturation to occur. This is much less likely to happen if hot water is added to the milk. Once full mixing has occurred the temperature should be below 75°C, unless polystyrene cups were used.
- Lastly add sugar to taste. Both milk and sugar are optional, but they both act to moderate the natural astringency of tea.
- The perfect temperature to drink tea is between 60°C and 65°C, which should be obtained within a minute if the above guide is used. Higher temperatures than this require the drinker to engage in excessive air-cooling of the tea whilst drinking – or "slurping" in everyday parlance. Leaving a teaspoon in the tea for a few seconds is a very effective cooling alternative.

Ends

2003年6月24日、英国王立化学協会が発表したニュースリリース。

真新しい見解はこのミルクについての検証で、それ以外の紅茶の抽出そのものについての項目は、とくに斬新なものではなかった。

その検証にあたったラフバラー大学のエンジニア、アンドリュー・スティープリー博士による、ミルクを先に入れる理由について少し詳しく説明しよう。温度が75℃を超えて牛乳タンパクが変性すると、固くなってクリーミーさが損なわれ、硫黄臭も出て香りも悪くなる。ミルクを先に注いでおけば、高温の紅茶に接するミルクはわずかな量なので、温度変化が少しずつ進み、牛乳タンパクは変性せず、その風味が保たれるというわけだ。

いわばオフィシャルなハウツーといえるこの10カ条は、イギリスをはじめ世界の紅茶関係者の間で新たなトピックとしてしばしば話題にのぼっている。

おいしい紅茶をいれるための11の科学

アンドリュー・スティープリー博士の見解

1

沸かした水ではなくくみたての水を

紅茶をいれるときのお湯は、よくジャンピングさせるために酸素を多く含んだお湯を使う。一度沸騰させると水中の酸素が飛んでしまうので、紅茶には向かない。博士は「紅茶の味を引き出すため」と表現している。

2

硬水ではなく軟水で

イギリスの水は硬水だが、硬水に含まれているミネラル成分が紅茶の表面に膜を作ってしまうので、硬水は使わないほうがよい。とくに硬度の高い水質の地区は、フィルターを使って軟水処理をする必要がある。

3

ティーポット＆リーフタイプの茶葉を

ティーバッグではなく、ティーポットとリーフタイプの茶葉で作る。金属製のティーポットは風味を損なうことがあるので、陶磁器のものが適している。ティーバッグを使うと、十分なタンニンが抽出されるまでに時間がかかりすぎて、ベストな香りにならない。

4

茶葉は1杯当たり2g

おいしい紅茶をいれるためには、たくさんの茶葉を使う必要はない。何人分の紅茶を作るときでも、カップ1杯当たり2g（ティースプーンに1杯ほど）の茶葉で十分に足りる（ただし、専門的なテイスティングでは茶葉の量は3gで行われている）。

5

ポットは必ず温める

なるべく高温で紅茶を抽出するのがよく、そのためにはポットをあらかじめ温めておく。熱湯をポットの4分の1まで注ぎ、約30秒置いたら捨てて、すぐに茶葉を入れる。

6 ポットはレンジで温める

5の作業のためにお湯を沸かすのが面倒なら、電子レンジを使うとよい。ポットの4分の1まで水を注ぎ、1分間加熱する。茶葉とやかんはあらかじめ電子レンジの近くに用意し、加熱が終わったらすぐに茶葉とお湯を入れられるようにしておくこと。

7 蒸らし時間は3～4分

最初の1分でカフェインは抽出されるが、赤い水色と独特の香りをもたらすタンニンが出るにはもう少し時間がかかる。ただし3分を超えると、風味を損なう分子量の大きいタンニンが出てくることがある。長く蒸らせば蒸らすほどおいしくなるわけではない。

8 ティーカップは好みのもので

形や装飾は自分の好みで選んでよいが、材質には注意すべきものがある。ポリスチレン製のカップは保温性がとても高く、紅茶が熱くて飲みにくく、ミルクの風味も損なう。大きめのマグカップは、適度な保温性と十分な容量があって適している。

9 ミルク→紅茶の順で

カップにミルクを注ぎ、後から紅茶を注ぐ。こうするとミルクの温度変化が小さくなり、牛乳タンパクの変性を少なくする。逆だと注がれるミルクにどんどん変性が起きる。使うミルクは、超高温殺菌牛乳だとタンパクに一部変性が起きているので、低温殺菌牛乳がよい。

10 砂糖もミルクも好みで

砂糖は飲む人の好みで入れても入れなくてもよい。これはミルクについても同様で、ミルクティーで飲むのが正しいというわけではない。とはいえ、砂糖もミルクも、入れれば紅茶の風味をソフトにしてくれる。

11 紅茶の温度は60～65℃で

紅茶を飲むときに最もおいしく感じる温度は、60～65℃である。ここまでのいれ方のとおりにすれば、できあがりから1分以内にはこの範囲内の温度になる。熱すぎるときは、カップの中にしばらくティースプーンを差し入れておくと、適温まで下げることができる。

紅茶論争を

ジョージ・オーウェルの11カ条

1 茶葉はインドかセイロンのものを使うこと。

2 ポットの材質は陶磁器が最もよい。

3 ポットはあらかじめ温めておく。

4 茶葉は1ℓにつきティースプーン山盛り6杯入れる。

5 茶葉は直接ティーポットへ入れる。

6 水は沸騰したてのものをすぐに注ぐ。

7 カップは円筒形のマグ状のものが冷めにくい。

8 ミルクはクリームではなく、普通の牛乳であること。

9 ポットで蒸らし終わったら、スプーンで1回混ぜる。

10 ミルクティーは紅茶が先、あとからミルクを入れること。

11 砂糖を入れると味を損なう。

ファミリーエコノミスト誌
（1848年発行の家庭雑誌）

1 紅茶は水がもっとも大切で、硬水は風味を損なうから注意すること。

2 やかんはふたがしっかり閉まるもので、水垢がついていないもの。

3 ティーポットの材質として優れている順に、銀製、中国の陶磁器、イギリスの金属、黒色のウェッジウッド、イギリスの陶磁器。

4 ティーポットの湯の分量。3人分のときは、最初に適当な分量を入れて、3杯分の湯を注ぎ、そのあとにもう2杯分の湯を注いでおくと、おかわりの要求があってもすぐに出せる。

5 茶葉は良質なものを選ぶこと。紅茶は健康によいと考えられているが、一般的には緑茶とのブレンドが好まれている。

6 1オンスの茶葉から2クォーツ（約2.8ℓ）の紅茶をいれるのが適量である。

7 茶葉は必要な分量を一度に入れること。少しずつ足していくと、風味を損なう。

8 湯を注ぐときは、まず茶葉を十分湿らせる程度に少量を注ぎ、2～3分後に必要な量を注ぐ。5分以上はおかないこと。

9 トレイの上にポットを置くときは、熱が逃げないように、羊毛のマットを敷いてその上に載せると保温できる。

10 おいしく飲むには良質の砂糖とミルクを用いること。まずカップに砂糖を入れ、次にミルクを入れる。その上から紅茶を注ぐと、いっそうなめらかに混ざり、風味が得られる。

にぎわせた論客たち

ジャクソン社の9カ条

1 茶葉は必ず密封容器に入れること。

2 湯は沸かしたてのものを使う。

3 湯は沸かしすぎたものや、二度、三度沸かし直したものを使ってはいけない。気の抜けた茶になってしまう。

4 ポットは温めておく。

5 ポットに湯を注ぐときは、やかんの方にポットを持っていき、移動によって湯の温度が下がらないようにする。

6 茶葉は１人当たりティースプーンで１杯、ポットのためにもう１杯。

7 蒸らす時間は３分。茶葉が大きいときはこれよりも長く。

8 砂糖は好みによって入れる。

9 ミルクはコクのあるインドティーや、強いセイロンティーの場合に。レモンは中国の紅茶に合う。

トワイニング社の9カ条

1 良質の茶葉、できれば特製品を使う。１人当たりティースプーン１杯半、ポットのためにもう１杯。だが当社の注意書きに従うこと。茶葉は密封容器に保存すること。

2 やかんに新しい水を入れ、沸騰させること。

3 沸騰を確認したら、すぐに火を止める。

4 ポットをあらかじめ温めておく。陶磁器のポットがおすすめ。金属製のものは微妙なお茶の香りを損なう。

5 ポットをやかんの方に持っていき、そこで注ぐ。

6 ３～５分間蒸らし、注ぐ前に軽くかき回す。

7 室温のミルクをカップに先に入れておき、次に紅茶を注ぐ。この方が紅茶とよく混ざる。

8 特製茶の種類によっては、ブラックティーの方が風味を楽しめる。レモンを使用する場合は、搾り出さないこと。紅茶の味を薄めてしまう。

9 30分以上、ポットに入れたままの紅茶は捨てて、新しく入れ直すこと。

紅茶の履歴書 6

食べ物とのマッチング

ティーフードという言葉はあるが、コーヒーフード、コーラフード、ビールフードとはいわない。このことからもわかるように、紅茶はソフトドリンクのなかでとくに食べ物との相性がよい。

紅茶の歴史からすると、イギリスの貴族が楽しんでいたアフタヌーンティーは、朝食から夕食までの長い空腹時間を埋めるための軽食タイムだった。その当時、貴族たちが紅茶の成分を科学的に解明していたはずはないが、主成分であるタンニンが口中の油分を分解してさっぱりさせてくれるので、バターをたっぷり使ったケーキなどを食べるときは、紅茶が最適だったのである。

タンニンが油を洗い流す、といえばよく知られているのが赤ワインだろう。肉料理と赤ワインが合うのは、肉の脂肪を赤ワインのタンニンが洗い流すからだ。となれば、赤ワインの代わりに紅茶を飲んでも何ら不思議ではない。むしろ、お酒が苦手な人にとっては、肉料理にぴったりの飲み物といえる。

紅茶と食べ物の関係を語るうえで、もうひとつ忘れてならないのが、紅茶の温度である。詳しくは左の解説に譲るが、ホットで出されるかアイスで出されるかによって、相性のよい食べ物がちがってくるのだ。この温度差は油分の分解にも関係していて、熱い紅茶はその熱で口中の油分を溶かすが、アイスティーにはそんなはたらきは期待できない。

ケーキやスコーンなどの定番のティーフードだけでなく、これからは食中に紅茶を飲む光景もめずらしくないものになるかもしれない。

紅茶と食べ物の相性

温度と食べ物のおいしい関係

紅茶の温度によって、一緒に出された食べ物との相性は変わる。たとえば、口の中に脂肪などの油分があるときは、脂肪を固めるアイスドリンクではなく、溶かして流すホットドリンクの方がよい。

60℃以上のホットティー

ケーキ、タルト、和菓子、その他スイーツ類、チーズなど

40～50℃のホットティー

天ぷら、寿司、とんかつ、焼き鳥、中華料理、チーズなど

8～10℃の常温のティー

ステーキ、肉主体のフランス料理、イタリア料理など

3～5℃の冷たいティー

カレー、魚主体のフランス料理、イタリア料理、冷菜など

クリスマスプディングやパイ、タルトなどさまざまなティーフードたち。

街頭でミルクを売る女性。ミルクを買いに行くのは子どもたちの仕事だった。

	ヌワラエリア	ディンブラ	キャンディ	ルフナ	ケニア / ジャワ	アールグレイ	ラプサン スーチョン
	B I	B	B I	B	B	B I	
	B M	B M	B M	B I	M	M I	
	M	M	I	M	M I		
	B	B	B I	B	B	B I	B I
	B	B	B I	B	B I	B	B
	B M	B M	B I	M	B M I		
	B M		B I	M	B M I		
	M		I	M	I	B M	B
	B M	B M	B I	B M	B M I		

紅茶は洋菓子だけでなく、和菓子ともよく合う。繊維質のざらつきが残る緑茶よりもさっぱりしていて、和菓子の甘さをより快適に味わえるのだ。

洋菓子のバターや生クリームの脂肪分を軽くするには、ブラックティーよりも適度に脂肪分のあるミルクティーが向く。重い脂肪を軽い脂肪で洗い流すという原理だ。

アメリカでは食中にアイスティーをよく飲むが、肉料理の場合、5℃以下のアイスティーだとかえって脂肪分が固まるので、8～10℃くらいがよい。

紅茶はワインと同じくタンニンを多く含むので、チーズとの相性も抜群だ。ほとんどの茶葉がブラックティーでもミルクティーでも合うが、クセの強いチーズには、風味がマイルドになるミルクティーを合わせたい。

伝統的なティーフードでは、細かいデコレーションも楽しみのひとつ。

ティーフードと紅茶のペアリング一覧

B ブラックティーに合うもの　M イングリッシュミルクティーに合うもの　I アイスティーに合うもの

茶葉の種類	ダージリン	アッサム	ニルギリ	キーマン	ウバ
油脂分を含まないもの 和菓子、砂糖菓子など	B M	B	B	B I	B
バターを多く使う菓子 バターケーキ、バタークッキーなど	M	M	M	M I	B M
クリームを多く使う菓子 生クリーム系ケーキ、スコーン（クロテッドクリーム添え）、カスタードクリーム系ケーキ	M	M	M	M	M
牛肉、豚肉、鶏肉	B I	B I	B	B I	B I
魚介類 刺身（トロやはまちなど）、焼き魚、煮魚、油脂分を多く含む魚	B I	B	B I	B I	B
油で揚げたフード フィッシュ＆チップス、揚げ物、ドーナッツなど		M	M	B M	B M
ワッフル、パンケーキ、パン類			M	B M	B M
個性的なチーズ類 青カビタイプチーズ、ウォッシュタイプチーズ	M	M	M	M	M
比較的食べやすいチーズ類 フレッシュチーズ、白カビタイプチーズ、チェダーチーズ	B M	B M	B M	B M	B M

紅茶の履歴書 7

さまざまな国の紅茶のある風景

バター茶について

紅茶は世界各国で飲まれているが、その飲み方は国によって大きく異なる。紅茶はとても自由度の高い飲み物なので、国ごとの水質や食文化などに応じて、いろいろなアレンジがなされているのだ。

ヨーロッパでよく紅茶を飲む国はイギリス、アイルランド、スコットランド、トルコである。イギリスはミルクティーが主流で、2003年には王立の研究所が「紅茶のおいしいいれ方」を発表するほどの、まさに紅茶王国だ。アイルランドは年に1人当たり2キロを超えるほどの茶葉を消費し（世界第1位）、スコットランドではダイニングテーブルで一家団らんしながら楽しむハイティーの伝統を持つ。トルコの年間消費量は世界第4位で15万トン。国内いたるところで砂糖たっぷりのチャイが飲まれている。

アジア圏では、紅茶の代表的な産地であるインドやスリランカをはじめ、コンデンスミルクを使った独特のミルクティーがあるミャンマーでよく飲まれている。インドは自国で生産した紅茶の7割を国内で消費し、そのほとんどはチャイだ。スリランカでは職場でも紅茶がふるまわれるほど生活の一部になっている。ミャンマーには、揚げパンやサンドイッチなど、まるで食事のようなたっぷりのティーフードと合わせる習慣がある。

紅茶をきっかけにイギリスから独立したアメリカは、アフタヌーンティーの文化はないものの、リプトンが1890年からアメリカに本拠地を置いたこともあり、紅茶自体は広く飲まれている。また、アイスティー発祥の国だけあって、食中にアイスティーを飲む人が多い。

バター茶の秘密

ヒマラヤのチベット民族が飲んでいるバター茶を紹介しよう。まず、磚《だん》茶や荒茶を煮出し、抽出液をトンモー（竹や木の筒）に入れる。そこへバター、牛乳かヤクのミルク、少量の塩を加え、棒でピストン式に強く攪拌する。バター茶は大麦の粉ごねにも使われ、それが彼らの主食である。

攪拌する棒をピストンしてバター茶を作っているところ。

バター茶と焼き菓子でチベットのティータイムを楽しむ。奥にある黒い塊が磚茶だ。

世界中で飲まれている紅茶

国が変わっても笑顔は同じ
世界に広がる紅茶百景――

ミャンマー

独特の飲み方で楽しむ国民茶

コンデンスミルクの上に、濃く煮出した紅茶を注ぎ、かき混ぜて飲むラペイエという飲み方をする。国内のいたるところにラペイエサイと呼ばれる茶店があり、朝昼夜を問わずにぎわっている。

スリランカ

紅茶とともに一日を過ごす

イギリスの植民地として紅茶文化が流入し、一日に何度も紅茶を飲む習慣が根づいた。庶民が楽しむのはパウダーミルクを使った甘いミルクティーである。

アメリカ

自由な飲み方で親しまれる紅茶

アメリカの独立は紅茶をめぐる争いがきっかけだった（→ P158）。イギリスのようにゆっくりと紅茶を味わうティータイムの習慣はないが、食中のドリンクとしてアイスティーを好む人は多く、大きなグラスでぐいぐいと楽しむ。レモンティーもアメリカ生まれの飲み方だ。

中国

飲茶の点心はティーフード

キーマンやラプサンスーチョンの祖国だが、人々が飲むのはほとんどが緑茶である。点心と合わせて楽しむ飲茶はアフタヌーンティーの先駆けともいえる。

インド

思い思いにチャイを楽しむ

いわずと知れたチャイの国。人の集まるところには必ずチャイを飲ませる店があり、素朴な道具で1日に数千杯をいれることもめずらしくない。

インドのチャイ屋で見かける素焼きの器。飲み終わったら道端に投げ捨てるのが現地流だ。

アイルランド

パブでも飲める隠れた紅茶王国

世界で一番たくさん紅茶を飲むのがアイルランド人である。家庭ではもちろんのこと、アイリッシュパブでもメニューには必ず紅茶がある。

イギリス

アフタヌーンティーをゆっくり味わう

19世紀に誕生したアフタヌーンティーの伝統が生きる。ウバ、キーマン、アッサムなどをブレンドした硬水に合う紅茶がよく飲まれている。

スコットランド

食卓を囲んでハイティーを

トーマス・リプトン、ジェームス・テイラーなど紅茶の偉人を多く生んだ。たっぷりのフードを添えてのティータイムを楽しんでいる。

数字で見る茶の今

生産量、輸出&輸入量など世界の茶の動向は？

International Tea Committeeによる2005年現在の統計データを元に、世界でどれくらいの茶が作られ、出荷され、そして飲まれているのかを見ていこう。

緑茶などを含む生産量のトップは中国で約93万5000トン。そのうち約69万トンは緑茶である。第2位のインドは約92万8000トンで、ほとんどが紅茶だ。成長著しいケニアがスリランカを抜いて第3位となっている。

茶の輸出量はおおむね生産量から推測できるランキングだが、輸入量のトップはCIS諸国。〝本場〟イギリスは第3位である。

国別の消費量では、膨大な人口を抱えるインドと中国がやはり上位だ。これがひとり当たりの消費量となると、アイルランドが2・79kgでトップに立つ。

世界で茶を一番消費している国は？

	国名	千トン
1	インド	736
2	中国	573
3	CIS	228
4	トルコ	150
5	日本	146
6	イギリス	127
7	パキスタン	126
8	アメリカ	98
9	イラン	72
10	インドネシア	67

ところがひとりあたりなら

1位 アイルランド
2位 リビア
3位 イギリス

インド→25位／中国→32位
日本→14位

世界で一番、茶を生産している国はどこ？

茶の生産量トップ 10（International Tea Committe）

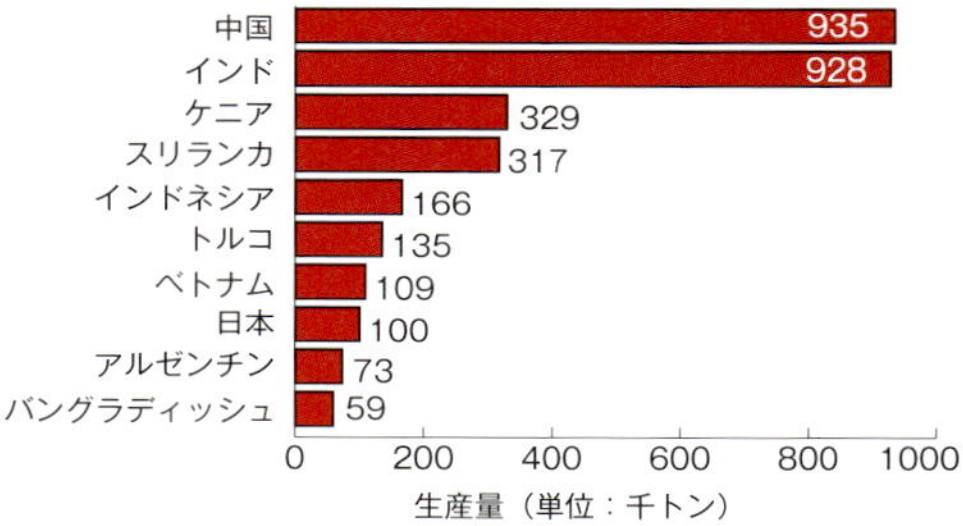

ちなみに…

茶の輸出ベスト5		茶の輸入ベスト5	
1位	ケニア	1位	CIS
2位	スリランカ	2位	パキスタン
3位	中国	3位	イギリス
4位	インド	4位	アメリカ
5位	インドネシア	5位	エジプト

CIS 諸国はロシアやウクライナを中心に紅茶を消費している。

Part 3

「紅茶史」

20枚の絵で綴る

History 01/20

20枚の絵で綴る紅茶史

喫茶文化はオランダからはじまった

中国の茶が文化としてヨーロッパにもたらされ、広まっていったのは17世紀に入ってからのことである。16世紀の半ば、ベネチア人のラムージオが航海記の中で茶について記したのがはじめてであるが、イタリアでも、その後に茶を手にしたポルトガルでも、茶については関心が薄く、主たる交易品にはならなかった。

ところが、17世紀に入りオランダの時代になると、オランダの貴族社会で、中国や日本の茶の飲み方をまねるなどの東洋趣味が流行する。やがてその風習とともに茶はイギリスに持ち込まれる。

オランダは1602年に東インド会社を設立し、1609年、日本の平戸に商館を開く。そして、1610年にオランダ東インド会社の船が、平戸から日本の緑茶を持ち帰り、これがオランダでの流行の端緒となったとされている。

オランダのハーグでは、貴族や富裕階級の人たちが、めずらしい東洋の茶道具や茶碗に関心を寄せ、オランダの食文化にはない独特の茶のいれ方や飲み方の作法を東洋趣味として楽しんだ。また茶の値段は非常に高く、金銀にも匹敵する高価な品であったため、銀の器や磁器に入れ、うやうやしくふるまわれた。このような茶を出すもてなしの場は権威をあらわす場であったため、高価な砂糖やサフランを入れて茶の価値がさらに高められた。飲むとき人々は背筋を伸ばし、気取り、見たこともない中国や日本、そして、茶の話で持ち切りだった。

この絵は、オランダの貴族が中国製の磁器の茶碗で茶を飲んでいる風景だが、中央の婦人の右ひじのそばには、茶色の小さな急須が置かれている。茶碗には把手がなく、形状も小さい。

紅茶を探る20枚の絵 1

「紅茶を飲む男」

当時は受け皿が深く、これに熱くて持てない茶碗から茶を注ぎ、冷ますようにすすって飲んだ。このときに大きな音がしたが、それは日本の抹茶を飲むのを真似たともいわれている。

History 02/20

コーヒーハウス・ギャラウェイの広告

オランダからイギリスに持ち込まれた茶は、当時ロンドンで流行しはじめていたコーヒーハウスに置かれた。イギリスで最初にコーヒーハウスが開かれたのは１６５０年のことだ。オックスフォードで、ユダヤ人が二日酔いを醒ます特効薬としてコーヒーを売り出したのがはじまりとされる。これがやがて各地に広まり、のちに日記作家として有名になったサミュエル・ピープス（１６３３〜１７０３）のような官吏や弁護士、医者、学者、商人といった中流以上の男たちが集まり、政治や経済、噂話など、あらゆる情報交換をする社交の場となった。

こうしたなかで最初に茶を売り出したのは１６５７年、ロンドンのエクスチェンジアレーにあったトーマス・ギャラウェイが経営していたコーヒーハウス「ギャラウェイ」であった。店で茶を飲ませたのもこの店が最初だといわれている。その茶は1ポンド（約４５４ｇ）当たり６〜10ポンド（現在の約６〜10万円）と非常に高価であった。

ギャラウェイでの茶の売り方は少し変わっていて、味や香りではなく、茶の効用に重きを置いたものだった。店主は１６６０年に、20項目にのぼる茶の効用をポスターにして宣伝広告をはじめた。広告の内容は、前半に「東洋の茶は高価であり、茶を飲めば健康の維持が約束され、長生きできると歴史的に検証されている」とあり、後半では、頭痛、不眠、胆石、倦怠、胃腸不良、壊血痛、

GARRAWAY'S COFFEE-HOUSE. (*From a Sketch taken shortly before its Demo*

記憶喪失、下痢、恐しい夢、腹痛予防になり、ミルクと一緒に飲めば肺病も予防でき、万病に効果を発揮すると紹介されている。

「茶は東洋の神秘薬」といわれるが、中国3千年の歴史を経て、茶の不思議な力はこうしてイギリスにまで伝わってきたのである。

紅茶を探る20枚の絵 2

当時のギャラウェイ新聞広告より

開店からわずか3年後に、ギャラウェイは早くも茶の広告を出してその魅力をアピールしている。この広告では冬にも夏にも飲める適温の飲み物だ、と謳われている。当時飲まれていたのは中国の緑茶で、紅茶が主役になるには18世紀の到来を待たねばならなかった。

History 03/20

キャサリンの輿入れ

茶がイギリスの王侯貴族の間でもてはやされるきっかけを作ったのは、1662年にチャールズⅡ世の元へ嫁いできた、ポルトガルのブラガンサ王家のキャサリン王女だった。王政復古を果たしたばかりのチャールズⅡ世は、国の財政の立て直しをはかるとともに、東インド諸島における権益をオランダに独占させないようにするため、ポルトガルと手を組もうとしたのである。

キャサリンは、7隻の船をしたがえてロンドンに到着したが、持参金として、インド・ボンベイの領有権のほか、大量の砂糖、東洋の家具、そして、ひとかたまりの茶を持ち込んだ。この茶は、キャサリンが自身の健康を案じて持参した、薬としての茶であったという。

美しく気高い新王妃として、キャサリンは国民の大歓迎を受けたといわれる。だが、輿入れの際にアンソニー・ハミルトンは次のような記事を書いていた。「新しい王妃がわが国にお輿入れになったが、宮廷に精彩が加わるわけでもなく、王妃は容姿も華やかではなく従者たちにも勝れた士気は感じられなかった」

結局、キャサリンにとっては不幸な輿入れだった。チャールズⅡ世は名うての浮気者であり、妻への気配りはなく、無神経だった。この淋しさをまぎらわすために、キャサリンは母国から持ち込んだ茶を1日に何度も飲んだ。

イギリスの王侯貴族たちの間では、「茶で夫の浮気の淋しさをまぎらわす悲哀な王妃」という噂でもちきりだった。いっぽうでキャサリンはお茶を貴婦人たちにもふるまったので、王妃からいただく茶は有名になり、貴族たちの羨望の的となる。貴婦人たちの間では、オランダの女性のように1日に1回は茶を飲みたいという願いが強まり、「茶は貴婦人にふさわしい飲み物」という考え方が広まっていった。

「キャサリンの肖像」

ポルトガル人特有のオリーブ色の肌、イギリスではあまり見られない黒髪、黒い瞳。ポルトガルの宮廷衣装は、1600年代のイギリス、フランスでは全く流行していなかった。

紅茶を探る 3
20枚の絵

紅茶を探る
20枚の絵 4

「初代トワイニングの肖像」

彼の店には法律家や作家、弁護士などが集まり、彼はそれらの客のために特別な部屋を造った。これがイギリスのクラブのはしりとなった。

20枚の
絵で綴る
紅茶史

History 04/20

トワイニング家のスタート

イギリスで最も古く、そして、今日まで続いているコーヒーと紅茶の会社、それがトワイニングである。貴族社会だけでなく、中流から庶民へと茶を家庭の飲み物として広めていった会社として、トワイニングの歴史こそが紅茶の歴史そのものであるといわれている。

　創立者のトーマス・トワイニング（１６７５～１７４１）は、イギリス西部のグロスターシャーで、織物職人の家に生まれた。彼が12歳になったとき、家族は父に連れられてロンドンに移った。トーマスはロンドンで市民権を得、東インド会社に勤めることになる。彼はそこで中国の茶に将来性があることに気づき、その取り扱いを目指して、１７０６年、31歳のときに独立して店を出した。場所はストランド街のデヴァリューコートで、「トム」というコーヒーハウスだった。

　１７０８年には隣家を手に入れ、そこで雑貨品とともに茶の販売もはじめた。茶の商売が大きく伸びた１７１３年には、さらに奥の隣家も買い入れ、あの今日に残る「ゴールデンライオン」の看板を出した。こうして、茶の卸売りと小売りを主体としたトワイニング紅茶の基礎が確立されていったのである。

　トーマスは、１７１2年頃から商売の台帳を作っていた。それは現在、大変貴重な資料である。その台帳のなかに、１７１５年のコーヒーと茶の売り上げ金額が記録されている。それによると、コーヒーの売上げ総量は３２９１ポンド７オンス、売り上げ金額は１３９３ポンド１シリング、茶は３４０９ポンド、金額は２８６８ポンド６シリングとなっている。量はそんなに変わらないのに、茶の売り上げ金額は倍にもなっていて、いかに茶が魅力的な商品であったかが伺える。

20枚の絵で綴る紅茶史

クイーン・アンと茶

05/20 History

キャサリン王妃のあと、茶を愛し、宮廷で確固たる飲み物にしたのは、1702年に女王の座に就いたアン女王（1665～1714）だった。アン女王は政治的な支配力や資質がなく、決してすぐれた女王とはいえなかったが、「貧しい人や皮膚病で患う者に王がふれると治る」と信じられた「王のおさわり」を実行し、庶民のボランティアに尽くした。また、貴族社会に浸透しはじめていた茶を飲み、客にふるまうこともさかんに行い、これが「女王の紅茶」として、貴族たちの間に紅茶に対しての羨望を集めることになった。

　アンは茶だけでなく酒も愛したといわれ、「ブランデー・ナン」の異名も。夫・ジョージとの間には14人の子どもが生まれたが、10歳まで成長したのはひとりだけで、9人が死産、残り4人も半年以内に死亡し、王位継承者は残せなかった。

　彼女は母としても女王としても辛かった日々を、アルコールで紛らしたという。「ブランデー・ナン、窮地に目を向けず、顔は酒場に、背は聖堂に」――セントポール寺院の前にあるアン女王の像を見た庶民の流言である。寺院をたびたび訪れながらも、それよりも酒が好きだったアンを皮肉ったものだろう。

　子どもたちがみな健康なら、愛する夫のジョージも一緒にティーパーティを楽しめたに違いなく、それがイギリスの団欒の象徴になったかもしれない。

紅茶を探る20枚の絵 5

「アン王女の肖像」

アンの夫はプリンス・ジョージと呼ばれ、何を聞いても「え、ほんと!」と答えるのが口癖で、頼りない人物であった。だがアンとの仲は極めて睦まじく、茶を飲むアンのそばでやさしく寄りそう絵も残っている。

History 06/20

20枚の絵で綴る紅茶史

東インド会社の茶貿易

東インド会社はイギリス・オランダ・フランスがそれぞれ設立した貿易会社だ。なかでも、イギリス東インド会社はオランダに先がけて、１６００年12月31日、エリザベスI世の認定を受けて誕生した。本拠地は中国ではなくインドだった。オランダもイギリスも当初は、スパイスやキャラコなどの繊維品が主で、イギリス東インド会社の記録に茶が現れるのは１６６９年になってからである。

この年１４３ポンド（約65キロ）の茶がバンタムから輸入された。しかしその後は定期的な輸入はあまりなかったようで、本格的な買いつけがはじまったのは１６８０年代に入ってからのこと。それに比べ、オランダの東インド会社は、

紅茶を探る20枚の絵 6

「テムズ川の風景」

貿易の中心地として世界一の交通量を誇ったテムズ川。東インド会社が輸入する紅茶も、ティークリッパー(P.170)がテムズ川の港に到着して荷揚げされた。活気あふれる港の風景だ。

１６３７年には中国から定期的に茶を買いつけていた。イギリスは茶の導入に関して、50年近くも遅れていたことになる。

イギリス東インド会社は、直接中国からではなく、バンタムに運んでくる中国船やオランダ船の茶を買いつけて本国に送っていた。イギリスが直接中国と茶貿易をはじめたのは１７１７年からで、このころからイギリスのコーヒーハウスや、茶商人たちによる激しい茶商売がスタートしている。

東インド会社が18世紀のはじめ頃に輸入していた茶は、シングロと呼ばれる緑茶が全体の３分の２で、残りは高級な緑茶、そして紅茶はわずかで10分の１程度だった。ところが18世紀の半ばになると、これが逆転し、圧倒的に紅茶の割合が増えていった。

イギリス東インド会社の紅茶の輸入に占める割合はだんだんと独占的になり、輸入した紅茶には関税がかけられ、この税金は消費量の増大とともにエスカレートしていった。

王侯貴族のアフタヌーンティー

History 07/20

18世紀のはじめ頃、茶（当時は緑茶も紅茶もあった）は非常に高価なもので、茶ひと握りと銀ひと握りは同等の価値といわれるほどだった。当然、庶民が一家団欒で茶を楽しむという段階ではなく、特権階級の人々が、茶を持っていることと、それで客をもてなすことは権力の象徴であるという時代だった。

茶はマホガニーなどで頑丈に作られたキャディボックスという箱に入れられ、取られぬよう鍵をかけて保管された。客が来ると執事に持ってこさせ、鍵は自分のポケットから出して開け、中の茶を客に見せびらかすという具合である。

当時、茶と同様に高価だったのが砂糖とスパイスである。砂糖をふんだんに使える貴族は、それも自慢であった。砂糖を多くとって虫歯になり、歯が黒くなると、金で作った爪楊枝を持ち、その虫歯を自慢したという。高価な茶にふさわしい高価な砂糖は、貴族の贅沢を極める品だったようだ。

イギリス人にとって茶はのちに全て紅茶となるが、この時代の王侯貴族が茶を特別な飲み物として扱い、たとえ男でも茶やティータイムを軽んじてはいけないという思いは受け継がれていった。だからこそ、イギリス紅茶は今日の地位を築けたのだ。

左の絵は、背後のテーブルにヤーンとよぶ湯沸かしがあり、そこから急須に熱湯を注いでいる光景である。テーブルの上にはまだサンドイッチやスコーンのようなティーフードは見られないから、茶だけを自慢し、楽しんだ初期のころのアフタヌーンティーである。

紅茶を探る20枚の絵 7

「アフタヌーンティーを楽しむ貴族たち」

中央の貴婦人が差し出す茶を、紳士はいかにもうやうやしく、両手で受け取っている。そして、彼女はここで左手に持つ砂糖を勧める。砂糖がたっぷりあるということは、それだけ裕福ということなのだ。

DRAWN BY A. FORESTIER.

She gave him a cup with her own hands, hoping it was sweetened to his liking.

"THE WORLD WENT VERY WELL THEN." By WALTER BESANT.

ジェームス・ワットのアフタヌーンティー

History 08/20

左の絵は、スコットランドのグラスゴーで生まれ育ったジェームス・ワット（1736〜1819）が、少年のころ、家の食卓で両親とアフタヌーンティーを飲んでいる絵である。やかんから吹き出す蒸気をスプーンで塞ぎ、何かを感じ取った瞬間だろう。

18世紀の半ばに入ると、紅茶の輸入量は飛躍的に伸びた。たとえば1720年ごろの紅茶の総輸入量は390万ポンドだったが、1750年ごろには、3400万ポンドと、およそ10倍にも増加していた。

紅茶の種類はペコー（白毫）、スーチョン（小種）、コング（工夫）、ボーヒー（武夷）と4種類あり、良質なのは新芽がたくさん混ざっているペコーで、ボーヒーは一番輸入量が多いが、値段も比較的安く、大衆向けの紅茶といわれていた。

このころになってくると、輸入茶のイメージも変わってきて、ヘイスンと呼ばれていた高級緑茶以外は安物とされた。輸入量も18世紀のはじめは緑茶が55パーセントで、紅茶は45パーセントだったが、18世紀なか頃には紅茶が65パーセント、緑茶は34パーセントと、圧倒的に紅茶の人気が高まってきた。

ワットの家の絵には、まさに中流家庭を代表する生活ぶりが伺える。おそらく庶民でも買えるボーヒーをいれて飲む

紅茶を探る
20枚の絵 8

「J・ワットの少年時代」

父親の左手に注目してほしい。ソーサーをつまむように持っていて、もしかしたらカップの紅茶をソーサーに移し、ソーサーから飲もうとしているのかもしれない。庶民が貴族の作法を真似ようとした気取りの部分である。

ところだろうか。

両親とともに囲むテーブルは、食卓用で大きく、背も高い。ワットは足が床についていないのである。これが裕福な家庭になると、茶は応接間で飲むことから、テーブルは低く小さいティーテーブルとなる。中流階級が紅茶を飲むこの背の高い食卓（ハイテーブル）の「ｈｉｇｈ」を取って、スコットランドの「ハイティー」の名ができたといわれている。

20枚の絵で綴る紅茶史

History 09/20

ボストン・ティーパーティー

紅茶はイギリスだけで流行っていたわけではなかった。北アメリカの植民地においても、オランダ系移民がニューアムステルダムで茶を広めていた。イギリスが1674年にオランダからその地を奪い取り、ニューヨークと改名したころには紅茶は大流行していて、「紅茶用の水」まで街中で売られるほどだった。

アメリカが輸入する紅茶は、イギリス東インド会社によって運ばれ、それには重税が課せられていた。イギリスの議会は度重なる戦争の費用を捻出すべく、紅茶に対する税制を何度も改定し、そのつど高く引き上げていた。

一方アメリカ植民地住民は、イギリスの高い紅茶を敬遠し、オランダの安い密

紅茶を探る20枚の絵 9

「ボストン・ティーパーティー」

1773年12月16日、ボストン港に茶を積んで荷揚げを待っていた3隻の船に、サミュエル・アダムズ率いる50人の男たちが乗り込んだ。彼らはアメリカインディアンに変装し、自由の子と名乗って、342箱の紅茶箱を壊し、海中に投げ捨てたのである。

輸紅茶に手を出した。これにより紅茶の消費が少なくなり、税収入が減少していったので、1765年に「印紙条令」を施行し、新しい課税制度を押しつけた。これがイギリスの商品に対するボイコット運動のはじまりとなり、1766年に印紙条令は撤回されたにもかかわらず、アメリカ人の怒りは鎮まらなかった。

さらにイギリスは、このボイコット運動に対して1773年に「茶条令」を出して、無理矢理にでも茶を引き取らせようとした。東インド会社に独占的な販売権を与え、オランダの密輸紅茶をしめ出そうとしたのだ。

アメリカはこれに反発し、その年の12月、アメリカ人のグループがボストン港に停泊していた船に乗り込み、茶箱を海に捨てるという事件が起こった。

これがいわゆるボストン・ティーパーティー（茶会事件）で、イギリスから独立する植民地住民の戦いの旗印となった。これが結局は、独立戦争、アメリカ独立へとつながっていくことになる。

THE BOSTON TEA PARTY.—DESTRUCTION OF THE TEA IN BOSTON HARBOR, DECEMBER 16, 17

20枚の絵で綴る紅茶史

4代目トワイニング、リチャードが茶税引き下げを直訴

トワイニングの4代目であるリチャード（1749〜1824）の時代、紅茶への課税率は最も高かった。1750年代は、売り上げの44パーセントに課税された上に、1ポンドにつき1シリングが加算された。さらに1773年には税率が64パーセントにもなり、税金を飲まされているようだと人々は噂した。人々は安い密輸品や粗悪な偽物紅茶に走った。

トワイニングは東インド会社の重税のかかった紅茶を販売していたが、リチャードは1784年、命がけで政府に直訴した。税金を高くして密輸に走られるより、税金を安くして正規品の紅茶を売る方が税収は増える、と。

ときの首相、ウィリアム・ピットはこれを受け入れて税制改革を行い、大成功を収めた。1786年に589万ポンドだった消費量は、減税後、一年間で1600万ポンドに。イギリスが世界一の紅茶消費国になり、今日のトワイニングに成長するのもこの時期からだった。

リチャードは5男3女をもうけたが、もし直訴が受け入れられず、失敗していたら処刑されていたかもしれない。だが「茶は人々に買っていただくため、人々のためにある」というトワイニングの家訓がリチャードを動かしたのだ。

History 10/20

紅茶を探る20枚の絵 10

「トワイニングの広告」

19世紀後半のものと思われる広告ポスター。リプトンと違ってトワイニングは国内販売が中心で、あまり世界へはアピールしなかった。その意味でこのポスターは珍しい一枚だ。

Drink
TWINING'S
Sold in Packets
at
3/8, 2/6,
2/0, 1/10,
1/6,
per lb.
World Famous
TEAS.

THE CULTIVATION OF TEA IN ASSAM

TEA GARDENS, CHERIDEO

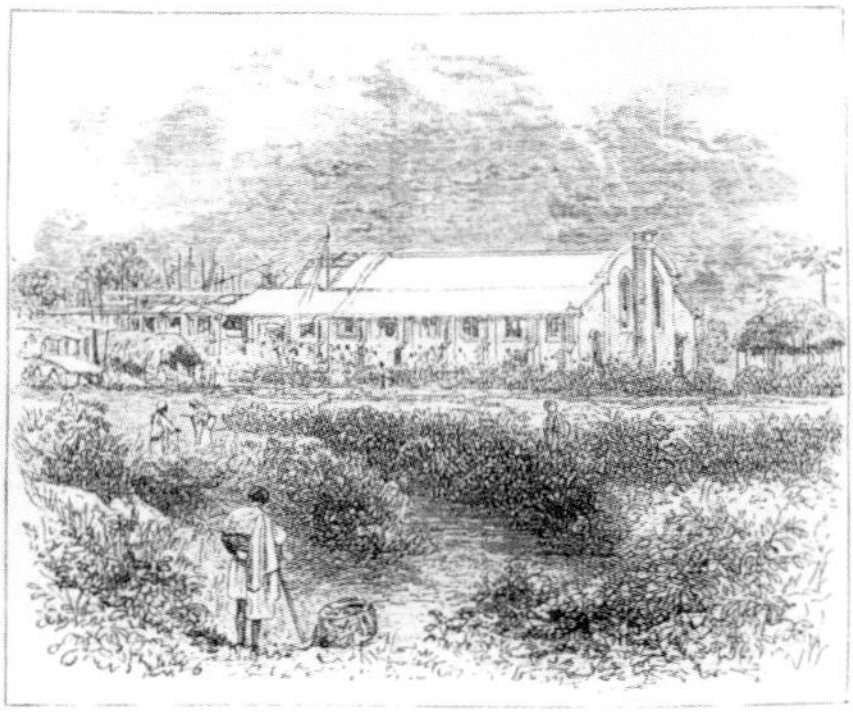

TEA HOUSE, MAZINGAH

A BRIDGE—VASSANGOR DISTRICT

WOMEN PLUCKING TEA, MAKEEPORE

20枚の絵で綴る紅茶史

C・Aブルース、アッサム茶の栽培

History 11/20

１８２０年、インドのムガル帝国はイギリス軍の力を借りて、アッサムを支配するビルマの制圧にのり出した。このとき、東インド会社の軍隊の一員としてアッサムに入っていたのが、スコットランド人のロバート・ブルース少佐である。

彼は１８２３年、シブサガルの地でジュンボー族の族長と会い、茶の木があることを聞いた。そのことを弟のチャールズ・アレキサンダー・ブルース（１７９３～１８７１）に伝え、翌１８２４年、ビルマとの戦いでシブサガル付近に赴任していた弟が茶の木を手に入れた。

C・Aブルースは茶の木を入手後すぐにその数本をアッサムの弁務官、デービット・スコット大佐に送り、残りはR・ブルースの庭に植えられた。

兄のR・ブルースはアッサム茶の発見者として名を残したが、１８２５年に死去。ちなみに同年、スコット大佐もアッサムのマニプールで野生の茶木を発見し、カルカッタの植物園に送った。彼は中国から伝わった茶の木だと主張したが、植物園の学者たちは、椿科の一種で中国の茶とは異なるとして認めなかった。

兄亡きあと、C・Aブルースはアッサムに残り、野生化したチャの木や、現地の人たちの茶の扱い方を見て、中国から伝わった茶だと確信。茶を、この地で栽培する決心を固めていった。

彼がこの地で生涯をかけ作ったアッサムの茶木は、インドの各地、スリランカ、アフリカ諸国、インドネシアなどに持ち込まれ栽培されることになる。発見者である兄の意志を継ぎ、アッサム茶を誕生させたのはこのC・Aブルースなのだ。

紅茶を探る20枚の絵 11

「アッサムの茶園」

紅茶栽培をはじめて間もないころのようすを今に伝えるイラスト。「1875年6月19日」の日付がある。茶園の全景やティーハウス（工場）、茶摘みをしている女性たちなどが細かいタッチで描かれている。

20枚の絵で綴る紅茶史

インド茶業委員会

12/20 History

イギリス国内での紅茶の需要が拡大し、東インド会社の茶貿易は年々増大の一途にあった。しかし一方で、茶の代価として支払う銀が流出し、貿易赤字が表面化しつつあった。

１８２０年代に入ると、ロンドンではインドで茶栽培を奨励する世論が高まり、１８２５年にはイギリス美術協会が、インドでの優秀な茶を作った者に金メダルを送ると発表した。また、１８２２年には、ニルギリ丘陵で茶の実験的な栽培がはじまり、１８２７年にはJ・Fロイル博士がヒマラヤでの栽培を提案した。

C・Aブルースも、アッサム茶の栽培に情熱を燃やしており、人々のアッサム種への期待は高まっていった。そして、ついに１８３４年2月、ときのインド提督であったウィリアム・ベンティック卿が「茶業委員会」を設立し、インドに紅茶栽培の導入と育成を遂行するという計画を作り出したのである。

11人の植物・地質学者とふたりのインド人によって構成された委員会は、インドの地で中国種の茶が栽培できるかを実験し、アッサムで発見された茶が本物の茶として成功するかどうかを調査することが目的だった。そのために、気候や土壌、地形を調べ、茶の育成に適した地を探した。さらに中国から製茶技術を学ぶという大事業もこなした。

ブリティッシュ・インディア（BRITISH INDIA）と書かれた左の古地図を見ると、西のボンベイ（ムンバイ）と東のカルカッタ（コルカタ）が、イギリスの拠点である。そして、カルカッタにこの茶業委員会が設けられたのだ。やがてイギリスはインドでアッサム・カンパニーを作り、茶葉業を確立させていくことになる。

紅茶を探る20枚の絵 12

「インドの古地図」

イギリスは、西と東から挟み込むようにインドをがっちりと手に収めていた。ボンベイからはアヘンを中国に運び、茶貿易による赤字経済の立て直しを図った。イギリスの権力と繁栄がこの地図から伺える。

KABUL
PESHAWUR
KASCHMIR
Leh
T H I B E T
Amritsir
LAHORE
MULTAN
Bahwalpur
DELHI
Rampur
N E P A U L
BHOTAN
Bikanir
Agra
Lucknow
Oude
PATNA
Gwalior
Cawnpoor
Allahabad
BENARES
Bihar
Moorshydabad
Sirohi
Nimatsch
Udschen
CALCUTTA
Bhudsch
Ahmedabad
Baroda
Ganges Delta
Dianagur
Surat
Cuttack
Ellora
Aurengabad
BOMBAY
Nirmala
Ganjam
Heiderabad
Mouths of Godavery
Masulipatam
Cape Negrais
Goa
B A Y
of
B E N G A L
I N D I A N   O C E A N
Coast of Malabar
Coast of Coromandel
SERINGAPATAM
MADRAS
Pondicherry
Calicut
Cochin
Palk Strait
Trivanderam
Cape Comorin
CEYLON
BRITISH IND
Telegraph Lines

20枚の絵で綴る紅茶史

History 13/20

アヘン戦争

紅茶を探る20枚の絵 13

「アヘン戦争のようす」

激しく戦うイギリス海軍（左）と中国の市民兵（右）。全体として見れば、戦力的にも、そして戦略的にも、イギリス側が圧倒的に優勢だった。

イギリスで茶の課税が減税されたあと、1786年にトワイニングはこう発表した。「茶令前の10年間、当社の茶の販売量は年間600万ポンドだったが、茶令後の一年間で1600万ポンドを超えた」。イギリスの紅茶の輸入量は、19世紀初頭には2千万ポンドになった。茶の貿易規模は莫大になり、中国では、イギリス人は紅茶なしでは生活できないと信じられるほどだった。

輸入の増大は、イギリスから銀を流出させた。イギリスは茶とのバーター取引に毛織物や精巧品を充てたかったが、中国はこれを珍妙と評して関心を示さなかった。長年、中国が受け入れたのは銀だけで、19世紀に入ると銀の蓄えは激減し、至急交換産物が必要となる。そこで出された案が、インドで栽培しているアヘンだった。1834年当時、毎年1万6千箱のアヘンが中国に出荷され、1839年には4万箱まで増加した。

1838年には清朝政府はアヘンの禁止を発令していたが、賄賂まみれの官僚や商人には徹底されず、蔓延していった。

1839年、林則徐がアヘン禁絶の命を受けて、広州でイギリス承認のアヘンを没収、焼却した。これを契機にイギリスとアヘン戦争が始まった。1840年にイギリス海軍は杭州に到着し、マカオ、廈門、寧波、上海と次々に攻め落とし、中国は敗れた。

1842年8月、南京条約が結ばれた。イギリスは香港を獲得、ほかの港も開港させ、一時的に経済力は強まった。だが、1844年には、アメリカとフランスが同様の通商条約を清朝政府と結び、紅茶貿易は自由競争の舞台に上がっていく。

7代目ベッドフォード公爵夫人・アンナマリアのアフタヌーンティー

14/20 History

中国の紅茶のほかに、イギリス人がアッサムで作った紅茶が本国内で出回りはじめたころ、貴族社会ではそれまでになく華麗な紅茶の文化が生まれていた。

1845年頃のことだろうか。7代目ベッドフォード公爵夫人・アンナマリア（1788〜1861）がはじめたアフタヌーンティーである。このころの貴族は、朝起きるとベッドティーを飲み、イングリッシュ・ブレックファストと呼ばれる豪華でたっぷりの朝食を取った。その後はピクニックなどがあれば軽いランチを取るくらいで、ディナーまでは何も食べなかった。

ところが、ディナーの前には音楽会や観劇などがあり、ディナーが夜遅くなればお腹が空く。そこで公爵夫人は、午後の3時から夕方までに、焼き菓子やサンドイッチを食べ、紅茶を楽しんだのである。ときには客にも紅茶やフードをふるまったことから、午後の紅茶、アフタヌーンティーは彼女のサロンの名物のようになっていった。

彼女は、客を食堂でなく応接間でもてなしたため、アフタヌーンティーは応接間で行うものになった。しかし、応接間にある背が低く小さいテーブルでは、茶器を置くといっぱいになってフードが乗らないので、3段重ねにするティースタンドなどが考案された。

次第に広まっていったアフタヌーンティーは、現在もホテルやレストランなど世界中で楽しまれている。

紅茶を探る20枚の絵 14

「アンナマリアの肖像」

アフタヌーンティーは、ブルードローイングルームと呼ばれる、青と金色で装飾された公爵邸の応接間からはじまった。そのころ出されていたフィンガーハンドで食べるサンドイッチやスコーン、プチケーキなどが伝統として今に残っている。

20枚の絵で綴る紅茶史

History 15/20

ティークリッパーレース

東インド会社が中国貿易を独占していたころは、中国からロンドンへの船のスピードは、あまり問題にならなかった。というのも、他国との競争がなかったからである。しかし、１８３３年に貿易が自由化され、さらに１８４４年には、アメリカをはじめとする各国が清と通商条約を結び、１８４９年には航海法が撤廃されると、自由競争に拍車がかかった。そして、各国の船が中国からロンドンまでの運送期間をどれだけ短く、つまり速く届けられるかが競争の争点となった。当時は風まかせの帆船時代だが、一番茶を最速で運んだ船の船員には高い賃金が払われ、賞金も与えられた。

そんな中、イギリス東インド会社の船は、胴が太く、鈍重で船足が遅かったため、アメリカが開発した3本マストの新型船には追いつけず、苦しんでいた。そこで、１８４１年からイギリスでも、スピードを優先した快速船、ティークリッパーの建造が始まった。

１８５０年12月、アメリカが誇るオリエンタル号は、香港を出港して95日という記録的なスピードでロンドンに到着した。積み荷の茶はイギリス船の2倍の値で取り引きされ、大いに評判になった。これに対抗したイギリスは、１８５３年にケアンゴーム号を建造し、アメリカ船に勝って屈辱をはらした。

なかでも有名なのは１８６６年５月の

レースである。競争に参加したのは、アリエル号、テーピン号、サーモピリー号、セリカ号など11隻で、激烈なレースを繰り広げた。99日をかけてテムズ河の港に到着したが、1位のアリエル号とテーピン号はほんの20分差で、賞金は両者に折半された。

しかし、このわずか数年後には蒸気船が台頭し、このようなティークリッパーレースも過去の光景となっていった。

紅茶を探る20枚の絵 15

「カティーサーク号」

名船カティーサーク号は1866年5月のレースのために作られた。しかし1869年に進水した時にはすでに帆船から蒸気船の時代へと移っており、スエズ運河の開通とも重なって、華麗な活躍の場は、ほんの数回であった。

下の絵は、１８６９年、11月17日に開通したスエズ運河を通る船である。この運河の開通で、ティークリッパーをはじめとした帆船時代は終焉した。スエズ運河は蒸気船のみが通行でき、帆船は入ることが許されなかったのだ。というのは、運河の幅が狭く、帆を張っていると風で船が左右にぶれるので、それによる事故を避けたかったのである。また、風向きによっては帆船が立ち往生して、運河が通行不可になることも理由だった。

スエズ運河の開通により、帆船から蒸気船の時代となり、航路も喜望峰をぐるりとまわるルートからはるかに近い距離のものになり、時間も短縮された。ちなみに、どれほど速さがちがったかといえば、ティークリッパーは中国からロン

20枚の絵で綴る紅茶史

History 16/20

スエズ運河の開通

紅茶を探る20枚の絵 16

「スエズ運河の開通を伝えるニュース絵」

10年がかりの工事を経てようやく開通したスエズ運河。絵の中の船にはまだマストがあり、帆を張って走ることもできるが、もちろんただの帆船ではない。どの船も煙突がついた蒸気船として造られている。

ドンに記録的な速さで3カ月余り、つまり90日から100日を要したが、蒸気船で運河を通過すると、たったの28日間しかかからなかったのだ。これほどの速さだと、もうどの船でも大差がなく、競争する理由もなくなったのである。

そして、ティークリッパーの時代が終わるとともに、インドのアッサム茶栽培が成功して消費は年々増加の一途をたどり、イギリスで飲まれる紅茶の主産地が中国からインドへと移行しつつあった。さらに紅茶は、インドの次の植民地、セイロン島でも栽培された。イギリスは、長年中国の茶を求めてきたが、自らの手で作ったインド・セイロン紅茶へと消費形態を変えていったのである。

しかし、イギリス人の心の中には、3千年もの歴史を持つ中国の茶への憧れと、羨望が消えず、自分たちで作った紅茶は、いまだに浅い歴史の近代飲料としか映らない。それは彼らが、古い歴史を最も尊敬するアンティーク趣味から脱せられない国民性だからかもしれない。

セイロンコーヒーから紅茶へ

History 17/20

紅茶を探る20枚の絵 17

「セイロンのコーヒー園で働く労働者たち」

1860年ごろのコーヒー園で働く労働者たちとコーヒーの倉庫。これからふりかかるサビ病の災難を予知するかのように、少し疲れた労働者たちが描かれている。

1850年頃、ロンドン市内には2千軒ものコーヒーハウスがあった。そこではコーヒー、紅茶、ジュースなどのソフトドリンクが売られていた。当時、イギリスのコーヒーは、アラビアやトルコからだけではなく、インドネシアやセイロンからも運ばれていた。セイロンコーヒーは、オランダ人が栽培をはじめ、イギリス人が引き継いでいたものである。セイロンには1845年頃から、スコットランドのアバディーンあたりからたくさんの開拓者たちが移住し、1857年には8万エーカー以上の土地が開拓され、コーヒー園になっていた。

この頃すでに、インドのアッサムでは紅茶栽培が成功し、茶の需要が増していることを農園主たちは十分知っていた。だが、アッサムほかインド各地での茶の栽培の難しさを聞いていたので、コーヒーから茶の栽培に切り替えようとする農園主はまだいなかった。

ところが、10年ほど経ち、ジャワ島からコーヒーの葉を枯らしてしまうサビ病の菌がやってきて、あっという間に各農園を襲い、コーヒーを枯れさせてしまった。サビ病は、葉を赤く変色させ、まるで鉄がさびたような色にし、葉をすべて落し、幹までも枯らしてしまう恐しい病気である。セイロンに限らず、アフリカ、インド、マレー諸島にまでおよび、コーヒー園をことごとく荒廃させた。

農園主たちは必死で病気をくい止めようとしたが、抜いたあとに新しい苗木を植えても、またすぐに枯れてしまい、手の打ちようがなかった。農園主たちは次々に倒産へ追い込まれていった。

もはやコーヒーはあきらめるしかなく、次に考えられるのは、栽培のリスクが高い茶の木だけだった。

セイロン紅茶の神様、ジェームス・テーラー

History 18/20

19世紀の半ば、インドやスリランカで茶園やコーヒー園を持つことは、イギリス人の夢であった。なかでもスコットランドからは大勢の男たちが入り込み、新しい農園を開拓していた。スコットランドの出身のジェームス・テーラー（１８３５〜１８９２）もそのひとりだ。

彼は16歳のときにセイロンへ渡った。セイロンのコーヒーが全盛の頃だ。彼がコーヒー園で働きはじめてから10年ほどは順調だったが、１８６０年頃から恐しいサビ病が蔓延し、コーヒー園は壊滅に追い込まれていく。そこで農園主は植物の栽培手腕に優れたテーラーにシンコナの木の栽培を任した。これは熱病を治す薬を取るための木で、抗生物質のない当時はとても大切な木だった。

この栽培の成功を機に、１８６７年、32歳のテーラーにアッサム種の茶の苗木と種が渡された。彼は、セイロン初の農園規模での茶の栽培を試み、キャンディの山岳地帯にあるルーラコンデラに最初の農園を作った。インドで栽培の成功に15年以上かかった茶の木を、テーラーは1〜2年で根づかせ成功させた。

彼は新しい揉捻機を作り、苗木を交配させ、強い品種を育てた。彼によって、死んでいたコーヒー園が茶園として生き返ったのだ。救われた人々は彼を「セイロンの茶の神様」として称えたという。

紅茶を探る
20枚の絵 18

「ジェームス・テーラーのポートレート」

彼は6人兄弟であったが、9歳の時に母が亡くなり、義母に育てられた。とても頭がよく、14歳のときには村の教会で補助教員をしていたほどだった。

20枚の絵で綴る紅茶史

History

19/20

トーマス・リプトンの登場

19世紀の後半になると、イギリスでの紅茶シェアは、インドのアッサム、ニルギリとセイロン紅茶が中国の紅茶を上回り、全体の3分の2を占めていた。

イギリス商人にとって、茶の販売はとても魅力的な商売で、老舗のトワイニングのほか、ピカデリーのジャクソン、フォートナム・アンド・メイソン、ウィタードなど、茶商人が続々と出現した。

１８８０年、当時30歳のトーマス・リプトン（１８５０～１９３１）も、紅茶を商売にしたいと考えているひとりだった。リプトンの両親はアイルランドからグラスゴーへの移民。そこで開いた雑貨店の息子としてリプトンは生まれた。

アメリカでの商売修行を経て、19歳でグラスゴーに戻り、１８７１年5月10日、21歳の自分の誕生日に店を持った。彼の雑貨店は、奇抜なアイディアの広告と価格の安さ、スピードと鮮度に優れ、「生産物は生産者から直接仕入れる」「商売の資本は体と広告」というモットーで支店を増やし、大成功を収めていった。

彼が直接セイロンへ行って、ウバ地区の茶園を買い取り、リプトン茶園を作ったのは、１８９０年のことである。翌１８９１年のロンドンの競売で、リプトンの紅茶は史上最高値をつけた。

さらに彼は、「Direct from the Tea Garden to the Tea Pot（茶園から直接ティーポットへ）」というキャッチコピーを世界に向けて発信し、新鮮さと安さを売りものにする世界のリプトン紅茶を確立させていった。彼は一代限りで後世を残さなかったが、トワイニングと肩を並べる世界の紅茶王として世に知られている。

紅茶を探る20枚の絵 19

「トーマス・リプトンのポートレート」

彼の家はとても貧しかったので、機知に富む彼は、小さい頃から店を手伝った。早くも9歳のときには文具店で働き、13歳で単身アメリカへ。百貨店に勤め、アメリカ流の商売の方法を学んだ。

Everything brightens up with
brisk LIPTON ICED TEA
Here's a girl all set to enjoy a lovely summer day. When the heat has her faded and droopy she knows what to do. She reaches for a glass of frosty-cool Lipton Iced Tea. Even a few sips work wonders.
Lipton Iced Tea *tastes* so wonderful, too ...so refreshing. Its rich, lively flavor comes "right through" the ice. And there's no other drink as good for quenching your warm-weather thirst.
So, wherever you are, whatever you're doing this summer, drink refreshing Lipton Iced Tea. See how everything brightens up when you get a Lipton lift.
Lipton TEA
COOLEST DRINK UNDER THE SUN—LIPTON ICED TEA

紅茶を探る20枚の絵 20

「リプトンのアイスティーの広告」

暑さのせいで険しい表情をした女性が、ひと口のアイスティーでパッと明るく——。「リプトンのアイスティーであらゆるものが元気に」と謳った、20世紀半ばの広告ポスター。

20枚の絵で綴る紅茶史

アメリカでアイスティー発祥

20 History /20

１９０４年、アメリカのセントルイスで開かれた万国博覧会は、それまでにない史上最大の規模だった。会場の広さは４８５万平米もあり、その土地の４分の１に１５７６にものぼる建物が建てられていた。広い敷地には鉄道も敷かれ、17カ所の駅があった。２１０日間にわたった会期中に、入場者は世界中から集まり、延べ１２８０万人に達した。

これだけ大きな規模になったのは、１８０３年、アメリカがルイジアナを含む広大な地をフランスから１５００万ドルで買い取り、それからちょうど１００年目を記念した博覧会になったことも一因だった。

そして、ここで紅茶の歴史にも新しいページが刻まれることになった。イギリスの紅茶商人、リチャード・ブレチンデンは、この会場で紅茶の宣伝をしていたが、７月に入ると暑い日が続き、熱い紅茶を試飲してもらおうにも人が寄りついてこなかった。業を煮やした彼は、一案を思いつき、いれたての熱い紅茶の中に氷を入れて、「冷たい紅茶はいかが」と呼んだ。暑さに喉が渇いていた人たちは、オアシスに集まる群れのように、冷たい紅茶を求めて殺到したという。

こうして生まれたのが「ICED TEA」、アイスティーだった。紅茶は中国、日本から伝来した茶であって、冷やして飲むのは邪道である。イギリスでは東洋の茶の文化が重んじられ、熱い紅茶をティーポットから注ぐことが、紅茶の正統な飲み方だとされてきた。

しかし、それが邪道であっても、おいしく健康的で快いものなら、大衆は支持し、受け継いでいく。アイスティーだけでなく、ティーバッグ、レモンティーとアメリカはイギリスが嫌悪するものを次々に発案し、世に送り出していった。そして、それらは一世紀が経った今日、世界中で受け入れられている。

茶は東洋から伝わり、紅茶はイギリス人が作ったのは確かだが、「紅茶は人が飲むから素晴らしい」のである。

簡単ティーカクテルのすすめ

**コンビニで買えるペットボトルの紅茶を使って
ひと味ちがうティーカクテルを自由に作ってみよう**

市販の紅茶飲料を使って、簡単にミックスドリンクを楽しんでみよう。手はじめに、一番相性のよい「紅茶＋柑橘系ジュース」の組み合わせから。基本の分量は、紅茶を１３０〜１４０cc、ジュースを30〜40ccくらいで合わせるとよい。このとき、たとえばオレンジジュースなら本物のオレンジ果汁を少し入れると、オレンジの存在感がグンと増す。

　ジュース同士もパイナップルとリンゴ、オレンジとグレープフルーツなどのコンビは相性抜群である。また、隠し味となるのがシロップだ。シュガーシロップのほかにチョコレートシロップなどがあると、ちょっとした個性づけに重宝する。

市販のオレンジジュース30cc、シュガーシロップ10ccをそれぞれグラスに注ぎ、スプーンなどで軽くかき混ぜる。

上からブロックアイス150〜160gを入れ、さらに市販の紅茶（ブラックティー）を100〜120cc注ぐ。

紅茶を注ぐときは、氷を伝わらせて静かに注ぐ。そうすると、底のオレンジジュースと紅茶が混じり合わず、色合いの異なるふたつの層になる。このやり方をセパレートという。

最後に、表面にも新たな層を作る。赤ワイン30〜40ccを紅茶の上に静かに注ぐと、紅茶と赤ワインの比重のちがいによって、表面に赤いふたをしたようなセパレートになる。

one more recipe

レモン＆グレープフルーツティー　ジュースとシュガーシロップに市販のレモンティー120ccを加える。

ミルクティー＆コーヒー　ブラックコーヒーの香りとミルクティーの味がマッチ。ラム酒を加えてもよい。

Part 4

「磯淵流」紅茶のいれ方

世界に
ひとつの味を
作り出す

味

紅茶をおいしいと感じる3つの条件

渋すぎても軽すぎてもいけない絶妙のバランスが味を決める

紅茶のおいしさを決める条件として、最も重要なのはもちろんその味わいである。では、紅茶の味わいを形作るものは何だろうか。それは、渋み・甘み・苦み。この3つのバランスである。

渋みは紅茶にかぎらず茶の味わいの骨格となるが、これは茶葉に含まれるタンニンがもたらすものだ。タンニンは、渋みだけでなく豊かな香りを生み出す役目も果たしているので、あまり少ないと渋みや香りが弱く物足りない味わいになってしまう。

甘み成分となるのは、同じく茶葉に含まれているテアニンだ。これはアミノ酸の一種で、甘みだけでなく旨みの要素でもある。

適度な苦みを添えるのが、コーヒーのイメージが強いカフェインだ。紅茶にも含まれていて、カフェインの心地よい苦みは、おいしい紅茶となるうえで欠かせない。

これらがバランスよく組み合わさることによって、その紅茶の味が決まるのだ。

色

淡いゴールドから紅まで水色のもつ華やかさ

ワインと同じく、紅茶はその美しい色合い（水色という）もおいしさの一要素だ。たとえば有名なインドのダージリンは明るく淡いオレンジの水色になるが、アッサムは深みのある赤色を帯びる。また、アイスティーの場合は、濁りを少なくしてクリアに仕上げることが、視覚的なおいしさのポイントとなる。

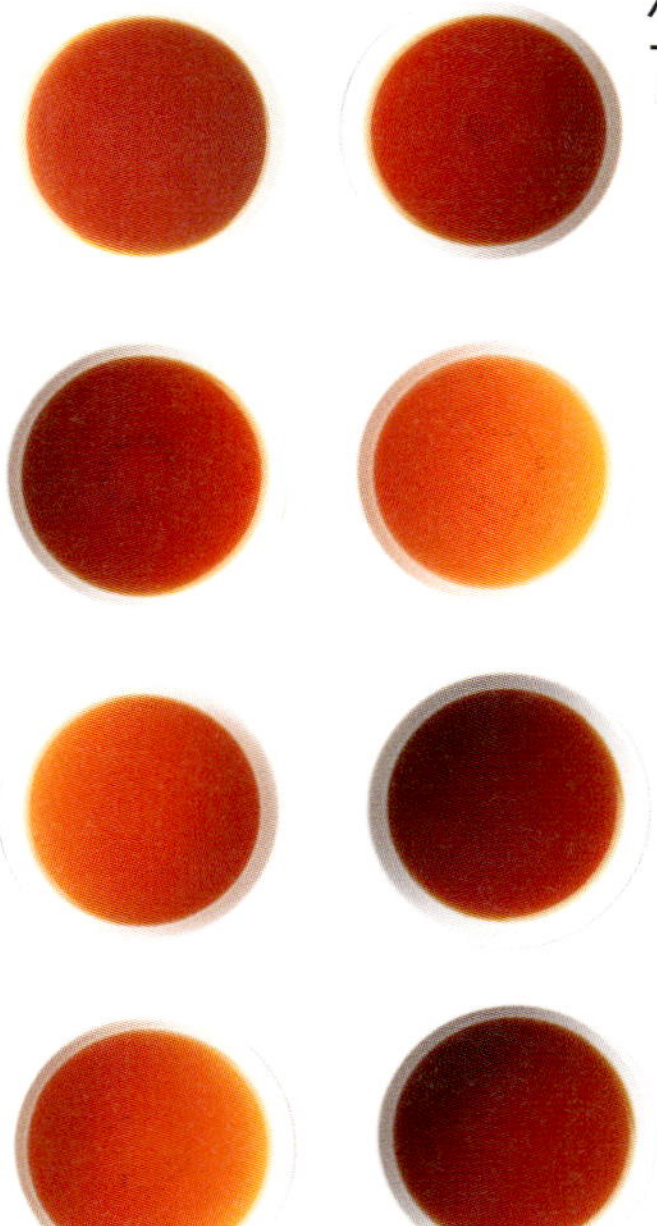

香

フワッと鼻腔をくすぐる特有のふんわり感

紅茶が持つ約３００種類もの香気成分は、紅茶のおいしさになくてはならないものだ。香りの要素は大きくフレッシュ、フルーティー、フローラルの3タイプに分けられるが、すべての茶葉がそのどれかに含まれるわけではなく、品種や製法によっていろいろな特性がある。

茶葉の香りは生葉だとそれほど強くないが、萎凋《いちょう》（萎れさせる工程）により10倍にもなる。

茶器

ポットの形に決まりはあるの？ ティーカップとコーヒーカップは違う？

上質な茶葉を選び、正しい方法で抽出した紅茶であっても、それが珍妙なカップに注がれていては「おいしい」とは感じない。それほど、紅茶にとって茶器の存在は重要なものである。

茶器の主役といえば、ティーポットとティーカップだ。ポットは19世紀半ばまで銀製が主流だったが、紅茶用のボーンチャイナ（牛骨粉を混ぜた磁器）の誕生とともに、陶磁器へシフトした。

ポットの形はさまざまなシェイプが考案されたが（93ページ参照）、現在の主流は丸型のポットで、これはジャンピング（164ページ参照）を起こりやすくするためである。容量は2人用と3人用にほぼ統一されている。

ソフトで軽いボーンチャイナは、もともとティーカップのために誕生した磁器だ。ボーンチャイナのカップはコーヒーカップと違って薄く口当たりがよく、これがティーカップの基本となった。

ポット、カップと合わせて三種の神器と呼ばれるティーストレーナー。BOPなどの小さな茶葉がカップに出るのを防ぐ。渋みを減らし、水色もよくなるが、神経質にこす必要はない。

ティースプーンは砂糖やミルクを混ぜる以外に、茶葉の計量にも使う。20世紀半ばまでの茶葉は1センチ以上あったため、コーヒースプーンより大きい。

本格的にミルクティーを楽しむならぜひ用意したいのがミルクピッチャーだ。サイズは150～200ccなので、2杯目以降も十分に使える。

ティーコジーはポットを覆う保温カバーである。冬場やテラスなどでティータイムを楽しむときに活躍するアイテムだ。

最後に、忘れてはならない砂時計は、1杯目で香りを満喫するための蒸らし時間を計るために使う。BOPは熱湯を注いで3分、OPは5～6分が目安なので、3分計がよく使われる。

ティーコジー

ポットにかぶせる保温カバー。紅茶は2～3杯で1人分なので、ポットの紅茶を保温する必要がある。

ティーポット

2人用（700～750cc、5杯分）か、3人用（1000～1200cc、7杯分）が多い。

ティーストレーナー

浮いているゴミをすくう穴あきスプーンから考案された。ステンレス製のものが一般的である。

ミルクピッチャー

イギリスではミルクティー1杯に20～30ccのミルクを使うので、専用のピッチャーがある。

砂時計

蒸らし時間を計るもので、3分計が主である。意匠を凝らした砂時計を選ぶと楽しい。

ティーカップ

水色や香りを十分に楽しむため、内側は真っ白で直径の大きなカップが主流である。

ティースプーン

コーヒースプーンと違って茶葉を量るためにも使う。BOP山盛り1杯で約3gの量になる。

硬水がいいのか、軟水がいいのか？ミネラルウォーターがいいのか、水道水がいいのか？

　どんなドリンクでも、原料となる水の影響力は大きい。紅茶においても、どんな水を使うかというのは、茶葉と同じくらいに大切なものである。

　水は、含まれるミネラルの量によって硬水（含有量が多い）と軟水（少ない）に分けられる。おおむねヨーロッパは硬水、日本は軟水なので、同じ茶葉を使ってもイギリスと日本ではできあがる紅茶の風味はちがってくる。

　硬水は、カルシウムがタンニンと結合して水色が黒っぽくなり、渋みや香りがマイルドになる。反対に、軟水はタンニンの渋みがそのまま残り、水色も薄めだ。どちらが上とはいえないので、飲む人の好みで使い分けるとよい。

　もうひとつ気になるのが、水道水を使ってもいいのかという問題である。結論からいえば、浄水器でカルキを取り除けば、水道水でも十分においしい紅茶はいれられる。そのため、水道水の場合は勢いよく水を出して酸素を含ませるのがポイントとなる。いっぽう、ミネラルウォーターを使うときはカルキを除去する必要はないが、やはり酸素の量が足りないので、開封後すぐに使わず、よくふって酸素を含ませるとよい。

　また、お湯の沸かし方にもコツがある。基本はジャンピングに必要な酸素を十分に含ませることだ。そのためには、1・5ℓ以上のたっぷりの水を使い、沸騰した直後に火を止めるとよい。

沸騰直後に表面が激しく波打ったらOK

完全に沸騰させると水中の酸素がなくなってしまう。気泡がだんだん大きくなり、表面がはげしく波打てば火を止めよう。ここがベストなタイミングだ。

<紅茶にベストな水にする方法>

ミネラルウォーターはよくふってから

開封直後のミネラルウォーターには酸素がほとんど含まれていないので、空気に触れさせて酸素を取り込む。

くみおき水ではなく新鮮な水を使用

やかん、ポットなどのくみおき水は酸素量が少ない。5時間以上経った水は、紅茶には使わないほうがよい。

水道水は勢いよく出して酸素を入れる

水道水を使うときは、なるべく多くの酸素を含ませられるよう、蛇口から勢いよく水を出すようにする。

茶葉

水と茶葉の割合はどれくらい？蒸らす時間をどのくらい置いたらおいしくなるの？

最近はティーバッグでいれても十分おいしい紅茶が出回っているが、紅茶本来の味わいをもっと堪能したい人には、やはり茶葉からポットでいれる方法で楽しんでもらいたい。

それではまず、ダージリンでもアッサムでも、お気に入りの茶葉を用意してほしい。そして、使う茶葉の量はどれぐらいがいいのかを考えてみよう。

イギリスに古くからある表現で、「One for me, One for pot」といういい方がある。これは「(ティースプーンで)1杯(の茶葉)は自分用、もう1杯はポット用」という意味で、つまり人数＋1杯の茶葉が適量ということ。ただ、イギリスの水は硬水なので、この言葉は硬水でいれる紅茶には当てはまるが、日本の軟水でこの量だと渋みや苦みが強くなりすぎる。最初は山盛り1杯だけで試し、好みに合わせて微調整するのがベストだ。

もうひとつ、茶葉からおいしさを引き出すために大切なプロセスがある。それは、茶葉に熱湯を注いだあと、どれぐらい待てばいいのかという点だ。この蒸らし時間の取り方によって、紅茶の香りのよしあしが決まるといっても過言ではない。

蒸らし時間の目安は、茶葉の種類や量などで多少違うものの、BOPで3分、OPで5～6分ほどがちょうどよい。イギリス式の伝統的な紅茶の楽しみ方は、1杯目で香りを、2～3杯目で水色と味を味わう。だから、最初の1杯は蒸らし時間を計るために砂時計が添えられる。

茶葉の量＝人数＋1杯

紅茶は2～3杯で1人分。茶葉の量はティースプーン山盛り1杯か、または軽めで2杯に。イギリスは硬水なので茶葉を人数＋1杯にするが、軟水の場合は少なめがよい。

蒸らす時間は3分

BOPタイプの紅茶は、ポットの茶葉に熱湯を注いでから3分後に、ベストな香りを漂わせる。お気に入りの砂時計を用意すれば、蒸らす時間を待つのも楽しいひとときになるはずだ。

ひとくちに紅茶の茶葉といっても、産地や製法、ブレンドの仕方などでその種類は膨大な数にのぼる。さらに、同じ茶葉でも使う水やいれ方によって味わいが変わる。そのバリエーションはまさに無限だ。

ジャンピング

せっかくお気に入りの茶葉を手に入れたのなら、やはりベストな方法で抽出したいものだ。そこでぜひマスターしておきたいのが「ジャンピング」である。

ジャンピングとは、ある条件が整ったときにティーポット内で起こる、茶葉の上下運動のこと。これによって、小さな茶葉の一片一片がまんべんなくお湯に混ざり、味、水色、香りとも文句なしの紅茶が抽出されるのだ。

では、ジャンピングの起こし方を見ていこう。必要な条件は、お湯の中に十分な酸素があることと、お湯に対流が起きるほどの高温であること。「水」のページでも触れたように（→P12）、ミネラルウォーターはふってから使う、くみおき水は使わない、沸騰させすぎない、などはどれも酸素をたっぷり含ませるためのポイントである。温度に関しては、沸騰しつつある95～98℃ぐらいがベスト。あらかじめティーポットは温めておくとよい。

このふたつの条件さえそろえば、あとは熱湯を勢いよく注ぐだけだ。茶葉が舞ってないからといって、間違ってもポットの中をスプーンでかきまぜたりしてはいけない。

どういう状態で起こるの？起きなかった紅茶はまずい？

最初のうちはなかなか理想的なジャンピングを起こせず、気をもむこともあるだろう。ただ、ジャンピングの起きなかった紅茶が〝まずい〟というわけではないので、それはその1杯として楽しみながら、気長に何度もトライしてみてほしい。

1

適量の茶葉を入れたティーポットに、沸かしたての熱湯を（酸素をしっかり含ませるために）勢いよく注ぐ。

2

水中の酸素が気泡となって茶葉にくっつき、その浮きあがる力によってほぼすべての茶葉が水面に集まる。

3

時間が経つにつれて、茶葉がじわじわと水分を吸収して重くなり、ちょうど雪が降るような動きで沈んでいく。

4

自分の重みで沈んでいく茶葉は、ポット内のお湯の対流に乗って上下運動をはじめる。これがジャンピングである。

5

ジャンピングの途中で再び茶葉が水面近くに集まることも。最終的には、すべての茶葉が水分の重みで底に沈む。

Black Tea

ブラックティーのいれ方

**いわゆるストレートティーのことをブラックティーという。
ブラックティーを極めることこそ、紅茶ワールドへの第一歩!**

1 水を勢いよくやかんに注ぎ、お湯を沸かす。ボコボコと泡が立つほど沸騰させないように注意する。

2 温めておいたティーポットに茶葉を入れる。基本は人数+1杯だが、軟水なら小盛りにして少なめでもよい。

3 お湯を注ぐときは、20〜30センチ上から勢いよく。これでお湯に酸素がたっぷり含まれる。

**ブラックティーを
おいしくいれるコツ**

◉茶葉の量の“さじ加減”を身につける。
◉お湯は茶葉めがけて勢いよく注ぐ。
◉砂時計を使って蒸らし時間を正確に計る。

4 陶磁器だと横から中が見えないので、上から見て茶葉が浮かんできたのを確認してフタをする。

5 保温のためにティーコジーをかぶせて蒸らす。BOPタイプで3分、OPタイプで5～6分を目安にする。

6 ティーストレーナーを使って、茶葉をこしながらカップに注ぐ。ポットは軽く上下にゆらしながら注ぐようにする。

7 何杯かまとめていれるときは、少しずつまわし注ぎをして、どのカップの紅茶も同じ濃さになるようにする。

Tea with Milk

ティーウィズミルクのいれ方

日本でいうミルクティーは、英語では「ティーウィズミルク」と呼ばれる。
常温のミルクに紅茶を注ぐのが伝統的な作り方だ。

1 茶葉を多めにしてブラックティーを作る。しっかり蒸らして、茶葉から豊かな香りとコクを引き出す。

2 カップには先に常温のミルクを入れるので、冷めないようにカップに熱湯を注ぎ、1〜2分放置する。

3 温め用のお湯を捨てて、低温殺菌のミルクを常温で注ぐ。量は20〜30cc。かなり多めに感じる量だ。

ティーウィズミルクを
おいしくいれるコツ

◉茶葉はブラックティーよりさじ加減を多めにする。
◉先に注ぐミルクで冷めないよう、カップを温める。
◉紅茶はカップの9分目まで注ぎ、温かさを保つ。

4 ティーストレーナーを使いながら、濃いめに作ったブラックティーをミルクの上から注いでいく。

5 9分目までたっぷり注ぐと、常温のミルクと混ざってもぬるい感じがなく十分な熱さで飲むことができる。

Chai
チャイのいれ方

同じミルクティーでも、チャイはイギリスと違ってミルクから火にかける。やかんやティーポットを使わず手鍋だけでいれるのもユニーク。

1

2

3

1 手鍋に分量の約4割（1人分350ccなら140cc）の水を注ぎ、茶葉を入れる。茶葉の量は人数＋1杯が基本だ。

2 火にかけてエキスを抽出する。沸騰したら2回から3回、手鍋を軽く揺すり、開いた茶葉が沈めばよい。

3 茶葉が十分に開いて抽出できたら、残り6割の分量のミルクを入れる。1人分350ccの場合は210cc。

**チャイを
おいしくいれるコツ**

◉分量は水（お湯）4に対しミルク6の割合にする。
◉茶葉が開いて沈むまで、紅茶エキスをしっかり抽出する。
◉ミルクを入れて水面全体がふくらんだら火を止める。

4 ミルクを注いだら、スプーンで軽くかき混ぜて全体の温度をならす。攪拌するのが目的ではないので、混ぜすぎないこと。

5 手鍋の内側の縁に小さな泡が立って、茶葉が真ん中に集まり、全体が盛り上がってきたら火を止める。

6 ティーストレーナーで茶葉をこしながら、ティーカップまたはティーポットにチャイを注ぐ。

7 カップに直接注いで気軽に楽しんで構わないが、飲む人数が多ければ、いったんポットに注いでから注ぎ分けるとよい。

Iced Tea
アイスティーのいれ方

味わいもさることながら、アイスティーはその透き通った水色もおいしさのひとつ。氷と容器を駆使した二度取りでクリアに!

1 ティーコジーをかぶせて蒸らすまでは、ブラックティーと同じ。ただし蒸らし時間はOPでもBOPでも10～15分と長め。

2 ティーストレーナーでこしながら、ポットから口の広い容器に移す。渋みが出すぎないように、ゆっくり注ぐこと。

3 氷を8分目まで入れた別の容器に、上から勢いよく注いで移す。手早い作業を心がけよう。

**アイスティーを
おいしくいれるコツ**

- ◉キャンディなどの渋みの少ない茶葉を選ぶ。
- ◉10～15分じっくり蒸らしてエキスを抽出する。
- ◉たっぷりの氷で一気に冷やすと濁りが少ない。

4 すばやく冷やしたアイスティーを、氷が入らないようにして保存用の容器に移しかえる。

5 飲むためのグラスを用意し、適量の氷を入れる。そこへ、冷やしたアイスティーを注ぐ。

6 アイスティーは水色が濁りがちだが、急速に冷やすことで、クリアな水色に仕上がる。

Tea Bag
ティーバッグのいれ方（ポット）

アメリカ生まれのティーバッグは、いまや一番ポピュラーな紅茶のスタイル。手軽なティーバッグもいれ方次第で十分おいしく!

1 ティーポットに熱湯を注ぐ。湯の量は1人分が200～300cc。先に茶葉を入れるのではなく、必ずお湯から先にいれる。

2 ティーバッグを1人分につき1個入れる。お湯をあとに注ぐと、茶葉が叩かれて繊維質が出てきてしまうので注意する。

3 静かにティーバッグを入れたら、フタをして抽出がスタートする。ヒモを持って揺らす必要はない。

4 だんだんと紅茶エキスの抽出が進む。最初、いったん底に沈み、だんだん水面へ浮かんでくる。

**ティーバッグを
おいしくいれるコツ**

◉ポットにはティーバッグでなくお湯を先に入れる。
◉なるべくたっぷりの量でいれる。
◉茶葉でいれるときよりも蒸らし時間を長めに。

5 ティーバッグが浮かびあがったときがベストコンディションである。さらに時間が経つともう一度沈む。

6 浮かんだティーバッグが沈みはじめる前に、ゆっくりとティーカップへ注ぐ。

7 ティーバッグが入ったままだとさらに抽出が進むので、カップへ注ぐときは、ポットからティーバッグを取り出してもよい。

Tea bag

ティーバッグのいれ方（カップ）

ティーバッグはカップだけで手軽にいれられるのも魅力のひとつ。
いれ方のちょっとしたコツを守ればぐんとおいしくなる！

1 受け皿にティーバッグを用意しておいて、まずカップにお湯を注ぐ。

2 カップの8～9分目までお湯を注いで、そこへティーバッグを入れる。

3 最初はティーバッグが沈み、だんだん浮かんでくる。

4 ティーバッグが浮かんできたら、ふたをして蒸らしながら抽出を続ける。

5 抽出時間は、ティーバッグを入れてから2分ほどを目安にする。

6 取り出すときは振って揺らす必要はない。静かに引き上げて完成。

ナイロンメッシュはさまざまな形の茶葉に使われる。

もはやアンティークでもあるガーゼのティーバッグ。

ピラミッド型は中の空間でジャンピングが可能に。

CTCの小粒など細かい茶葉には不織布を使う。

コストの低い紙製は日常茶に広く使われている。

ティーバッグのいろいろ

バッグの形や材質、中身のグレードなどでさまざまな種類が
それぞれどんなキャラクターなのか飲み比べてみると楽しい

ファニングス&ダストタイプ

一番小さなグレードなので、中身が出てこないように目の細かい不織布のティーバッグが使われる。抽出時間は60～90秒と短くて済む。

BOPタイプ

ウバやヌワラエリアなど、スリランカティーのブレンドが多い。抽出時間は90～120秒で、ナイロンメッシュのほうがより濃く抽出される。

CTCタイプ

大粒（アッサムなど）はナイロンメッシュ、小粒（アッサム、ケニアなど）は不織布が多い。どちらも抽出時間は短く、60～90秒で抽出できる。

OPタイプ

葉が大きいOPタイプは、目の粗いナイロンメッシュに向く。中の葉っぱの形が見えるので、視覚的にも高級感を演出できるという利点がある。

ティーバッグで簡単ブレンド

ポットに2個入れるだけで すぐ楽しめるマイブレンド

リーフでいれるブラックティーからティーバッグまで、おいしい紅茶のいれ方の基本がわかったところで、手軽にできるブレンドティーに挑戦してみよう。

用意するのは、種類のちがう茶葉のティーバッグとティーポット、そしてお気に入りのティーカップ。ティーバッグは、紅茶にかぎらずハーブティーや日本茶、中国茶などいろいろな茶葉が市販されているので、とりあえず「おいしそうだな」と思う茶葉をいくつか手に入れてみる。やかんにお湯を沸かしたら、あとは下の手順に沿っていれるだけだ。

ティーバッグの組み合わせはもちろんのこと、お湯に入れるタイミングをずらしたり、蒸らし時間を変えてみたり、自分なりにアレンジしてみるとよりいっそう楽しみが広がる。

こんなティーバッグとのブレンドが楽しい

ミントティー

紅茶に合わせるとおいしいハーブはいろいろあるが、そのなかでも、はっきりと花や草を思わせる香りを添えたいときに使う。また、発汗作用や消化促進などの効能があるのもハーブならではの魅力だ。

日本茶

青っぽいフレッシュな香りをプラスできる。アミノ酸に由来する日本茶特有のうまみは、紅茶の渋みをやわらげるので、渋みの強い紅茶に合わせるとよい。栄養素としては紅茶にはないビタミンCを含んでいる。

プーアール茶

かなり強烈な風味を持っているので、紅茶ベースというよりは、プーアール茶を飲みやすくするために紅茶とブレンドする。プーアール茶には脂肪分解機能があるので、肥満防止にもよいヘルシーなブレンドとなる。

リーフタイプの茶葉をいれるときのティーポットを用意して、最初にお湯を注ぐ。ティーバッグを先に入れると、抽出時間が長くかかったり、茶葉から繊維質が出やすくなったりする。

お湯を注いだら、ひとつめのティーバッグを入れる。ふたつまとめて入れてもよいが、たとえば片方がハーブなら、ある程度紅茶を抽出させてから時差をつけて入れたほうがフレッシュ感が出る。

蒸らし時間はティーバッグひとつのときより長めがよい。一度沈んだティーバッグが浮かんできたら完成だが、色や香りをもっと出したいときは、取り出さずにそのまま蒸らしを続ける。

Part 5

紅茶「ブレンドのすすめ」

世界に
ひとつの味を
作り出す

ワンランク上の紅茶の楽しみ方

ほかのソフトドリンクに比べて、紅茶は飲み方の自由度が高いのが特徴のひとつである。自分でブレンドしたり、ほかの食材と合わせたりして、こだわりのティータイムを演出してみよう。

Step 1 **有名各社**のブレンドティー、フレーバーティーを楽しむ

ダージリンやアッサム、あるいはセイロンティーなど、お気に入りの茶葉をすでに見つけている人は、次のステップとしてブレンドティーやフレーバーティーを試してみよう。

ブレンドティーは、イギリスをはじめとする各国の紅茶ブランドからさまざまな製品が出ていて、産地だけでなく、グレードや収穫時期もごちゃ混ぜなので、1種類の茶葉とはまたちがった味わいが楽しめる。

フレーバーティーも、たとえば同じピーチティーでもブランドごとの風味のちがいを追求してみるなど、こだわった飲み方をおすすめしたい。

ブレンドティー／フレーバーティーのいろいろ

オリジナルブレンド	トワイニング、リプトンなど各ブランドごとにさまざまなブレンドティーがある。
ミルクティー用ブレンド	イギリスの朝食時のミルクティー用で、イングリッシュブレンドなどと呼ばれる。
フルーツ系のフレーバー	実際の果皮やエッセンスなどを加えて、フルーツの香りをプラスする。
ハーブ系のフレーバー	ローズマリー、ローズヒップ、レモングラスなど多種多彩なハーブが使われる。
フラワー系のフレーバー	紅茶そのものが持つフラワリーな香りを、花びらなどを使ってさらに強める。
特殊系のフレーバー	キャラメルやチョコレート、ラム酒など、ユニークな食材の風味を添えたもの。

Step 2 自分で茶葉をブレンドしてみる

２種類の茶葉を混ぜるのでも、配合をちょっと変えるだけでまったくちがう味わいが生まれる。茶葉を３種類、４種類と増やしていけば、より楽しみは広がるだろう。さらにハーブ類を加えたり、スパイスを振ったりしていけば、ブレンドパターンにはまさに無限の可能性がある。

また、使った茶葉の種類や分量をメモしておけば次回以降に生かしやすい。

茶葉の組み合わせだけでもそのパターンは尽きないが、紅茶の魅力である香りのダイナミックな変化を楽しむには、ハーブやスパイスを加えるとよい。

Step 3 オリジナルな飲み方を考え出してみる

炭酸水を加えたり、フルーツを浮かべたり、ワインなどのお酒を入れたりと、紅茶の飲み方のバリエーションは幅広い。さらに、日本茶や中国茶とブレンドする、ハーブを加える、スパイスを振るなど、多彩なアレンジを家庭で簡単に楽しむことができる。

高級茶葉ならブラックティーで飲むことをおすすめするが、基本的には飲む人の好みで自由にアレンジして構わない。

紅茶と赤ワインの比重のちがいを利用して、きれいな色の層を作る。

フレーバーティーのいろいろ

~ラプサンスーチョンからはじまった~

現在、さまざまな種類のフレーバーティーが市販されている。缶やペットボトル入りの紅茶にさえフレーバーティーのラインナップがあるほどだが、そんなフレーバーティーの元祖ともいえるのが、中国のラプサンスーチョンである。

ラプサンスーチョン（写真上）は、中国の紅茶発祥の地である武夷《ぶい》山《さん》で生まれた。ここで作られていた正山小種《せいざんしょうしゅ》という紅茶に、松の木を燃やした煙のスモーキーフレーバーがついて誕生したのがラプサンスーチョンだった。

一方、その正山小種からはもうひとつ、のちにフレーバーティーの代名詞となる紅茶、アールグレイが生まれた。正山小種が持つ本来のフルーティーな香りを再現しようと、イギリスで考えられたのがベルガモットフレーバーで着香したアールグレイだ。

中国の同じ紅茶から枝分かれしたラプサンスーチョンとアールグレイが、イギリスで市民権を得たことにより、紅茶においてフレーバーティーというものが確固たる地位を築きはじめた。以後フルーツ系やハーブ系など、さまざまなフレーバーティーが生まれていったのだ。

フレーバーティーの楽しみ方

パッションフルーツ

トロピカルな香りの個性派

パッションフルーツはブラジル原産の南国系フルーツ。日本ではまだマイナーな存在だが、海外ではよく知られたフレーバーティーである。ややクセのある甘い香りが特徴で、花びらを混ぜてフラワリーな香りを出したものも。

ピーチ

甘い香りで一番人気のフレーバー

アップルやオレンジのほうがなじみ深い印象だが、実はフレーバーティーの人気ナンバーワン。スリランカやジャワ、ケニアあたりのマイルドな紅茶にピーチの香りを乗せたものが多い。香りをよく漂わすには口の大きなカップを。

ストロベリー

果実やケーキ類が風味を高める

フレーバーに加えて、ストロベリーの場合は美しい赤の水色もポイントだ。本物の果実をカットして浮かべたり、またはイチゴを使ったケーキ類と一緒に味わうのがおすすめ。甘酸っぱいイチゴの世界を存分に楽しむことができる。

アップル

青リンゴと赤リンゴの２系統

ブラックティーにリンゴのスライスを浮かべる飲み方があるほど、紅茶とリンゴの相性は抜群である。フレーバーティーでは甘い香りの青リンゴ系と、酸味を感じる赤リンゴ系があり、どちらもミルクティーにしてもおいしい。

バニラ

バニラ特有の甘い香りが広がる

洋菓子やアイスクリームを食べているかのごとく、独特の甘い香りが楽しめるのはバニラならでは。ミルクを加えるとその甘さがさらに強調される。ビスケットやクッキー、ショートブレッドなどのティーフードと非常によく合う。

レモン

きりっと冷やして飲み干したい

レモンティーといえばアメリカで生まれた飲み方だが、レモンのフレーバーティーは今や世界中で親しまれている。とにかくスムーズな飲みやすさなので、アイスティーでぐいぐいと爽快に飲むスタイルが一番向いている。

キャラメル

豊かなクリーミーさを堪能

フランス生まれのフレーバーティーで、クリーミーさ満点の香りはぜひミルクティーで楽しみたい。クリスマスの季節物として店頭に並ぶことが多く、そのせいではないがイギリスのクリスマスプディングとの相性はとてもよい。

オレンジ

子どもにも人気の甘い柑橘系

柑橘系フレーバーの代表格で、レモンより甘く子どもにも好まれる。味わいのキャラクターが確立しているのでブラックティーがよいが、レモンのフレーバーティーとブレンドすると新たな柑橘系の紅茶となりおもしろい。

フレーバーティー 1

ラプサンスーチョン

紅茶の元祖、正山小種から生まれた世界で最初のフレーバーティーがラプサンスーチョンである。そのフレーバーとは、花やフルーツではなく、意外にも「煙」だった。

中国・福建省にある武夷山は、茶の発祥地であると同時に、中国で最初に紅茶が作られた場所で、いわば中国紅茶の聖地である。ラプサンスーチョンは、そんな聖地にある桐《とん》木《む》村で生まれた元祖フレーバーティーだ。

その原型となったのが、現地に自生していた中国種の茶葉で作られた中国初の紅茶、正山小種である。桐木村は標高が高いこともあって気温が低く、発酵の進みが遅かったので、松の木を燃やして温度を上げようとした。すると、その煙が茶葉につき、スモーキーなフレーバーを帯びた紅茶が生まれたのである。

普通の紅茶とは一線を画す独特の香りはかなり強烈だが、イギリスではそれがかえって格を高め、誰もが絶賛した。

ラプサンスーチョンの製造方法

独特のスモーキーなフレーバーは、最初は意図的ではなく、発酵や乾燥のための熱を得ようと燃やした松の木の煙からもたらされた。今では出荷の前にも再度燻煙し、より強く着香する。

ラプサンスーチョンの楽しみ方

強烈な香りなので好みが分かれるところだが、いずれにしてもその香りをブラックティーで味わうのが基本だ。合わせるティーフードは、スモークサーモンかチェダーチーズといわれる。

江《ジアン》氏がラプサンスーチョンにかけた思いを探ってみる

ラプサンスーチョンの生みの親は、桐木村の江氏である。現在は22代目の江元勛《ユアンシュン》氏が家督を受け継ぎ、正山茶業有限公司という企業としてラプサンスーチョンとその原型である正山小種を作っている。正山小種は現地にわずかに自生する茶葉からしか作れないので、人工的に植樹したり、機械化させて生産量を増やしたりするわけにはいかない。ちなみに、正山小種にはラプサンスーチョンのように、強いスモーキーさはない。江氏は本物のラプサンスーチョン、正山小種を作り続けるため、昔ながらの伝統的な製法を守っている。

スモーキーさがまるでちがう！
ラプサンスーチョンのちがい

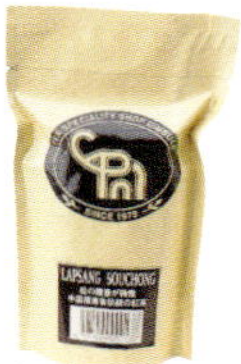

ラプサンスーチョン

原産地／中国 茶葉／ OP 内容量／100g
販売／紅茶専門店ディンブラ

スモーキーさを抑えたソフトタイプ

ラプサンスーチョンはいくつかの紅茶会社から発売されているが、香味のシンボルであるスモーキーな香りは銘柄によって強弱の差がある。本品は出荷前の燻煙の回数が少なく、ほかの銘柄に比べて穏やかな香りで飲みやすい。渋みが弱いことと、ハーブとのブレンドが合いやすいのは、どこの銘柄でも共通の特徴である。

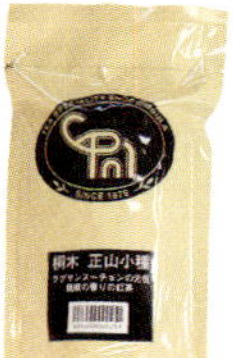

正山小種 OP

原産地／中国 茶葉／ OP 内容量／100g
販売／紅茶専門店ディンブラ

近年復活した幻の紅茶

世界で最初に作られた紅茶。長らく世界の市場からは姿を消し、産地である武夷山でだけ飲まれていたが、2000年辺りから復活した。現在では茶葉だけでなく、ペットボトル入りの製品も登場している。グレードは OP タイプのみで、ライチに似たフルーツを思わせる香りが漂う。

※ラプサンスーチョンと正山小種 OP は時期により取扱いがない場合があります。

フレーバーティー 2

アールグレイ

ラプサンスーチョンと並んで有名な、イギリス生まれのフレーバーティー。伝統的な中国種だけでなく、さまざまな茶葉をベースに多種多彩な銘茶が作られている。

ベルガモットの実。完熟するとオレンジ色となる（写真提供：（株）伊那貿易商会）

自然発生的に生まれた世界初のフレーバーティーがラプサンスーチョンなら、意図的に作られたフレーバーティーの第1号はアールグレイである。

では、どんな「意図」があったのか。それは、名前の由来ともなったグレイ伯爵の要望により、中国の正山小種が持つ龍眼《りゅうがん》（ライチに似た柑橘系の香りのフルーツ）のような香りを再現することだった（次ページ参照）。時代は19世紀半ば。当時のイギリスでは龍眼というフルーツを知る術もなかったので、代わりにベルガモットに白羽の矢が立った。19世紀の終わり頃には商品化されたが、その祖がトワイニングかジャクソンか、というのは今なお紅茶トピックの定番のひとつとなっている。

アールグレイの製造方法

ユニークなのが、どんな茶葉を使ってもよいということ。紅茶だけでなく中国茶や緑茶が使われることさえある。シチリア産ベルガモットの香料で着香し、さわやかな柑橘香となる。

アールグレイの楽しみ方

正山小種、ラプサンスーチョンからの流れで、ブラックティーで味わうのが正統とされる。ただ、実際はミルクティーやアイスティー、バリエーションティーなど幅広い飲み方ができる。

5代目グレイ伯爵と9代目トワイニング氏。

なぜアールグレイにアールグレイという名前がついたのか？

アールグレイとは「グレイ伯爵」という意味だが、このグレイ伯爵は実在のイギリス人である。19世紀の半ば、グレイ伯爵が海相の折、中国に送った使節団が正山小種をイギリスに持ち帰って以来、彼はこの紅茶を愛飲した。しかし、正山小種はなかなか手に入らず、グレイ伯爵は茶商人に正山小種の龍眼フレーバーを再現した紅茶を作るように命じた。茶商人は龍眼の香りに似たベルガモットに目をつけて着香し、その紅茶がアールグレイと呼ばれるようになったのである。

フォートナム・アンド・メイソン VS トワイニング 味のちがいはここにある

フォートナム・アンド・メイソン

スモーキーアールグレイ 原産地／中国、スリランカ 茶葉／ OP 内容量／250g
販売／フォートナム・アンド・メイソン・コンセプト・ショップ

ラプサンスーチョンベースの上質な香り

紅茶の歴史を体現する、ラプサンスーチョンをベースにしたブレンド。スモーキーさとベルガモットフレーバーが融合し、洗練された個性ある香りが漂う。やや少なめの茶葉でブラックティーがおすすめ。

トワイニング

クオリティ アール グレイ 原産地／中国 茶葉／ OP 内容量／100g
販売／片岡物産

アール グレイの世界標準として知られる

世界90カ国に輸出され、アール グレイのイメージとして最も普及している。ベルガモット フレーバーをベースにした香りは、これぞアール グレイ、という伝統のもの。茶葉は OP タイプを主体としたブレンドで、渋みが少なくマイルドな味わいだ。

私だけの一杯を求めて茶葉をブレンドする

紅茶のおいしい飲み方を追求していくと、やがて自分のオリジナルティーにたどり着く。どの国の、どの産地の、どんなタイプの茶葉を組み合わせるか……。マイブレンドの楽しみは尽きない。

産地指定のストレートティーなどを除いて、市販の紅茶はほとんどが複数の茶葉をブレンドしたものだ。かの有名なリプトンも、世界各地の風土に合わせたブレンドを追求したことでその地位を確立したのである。

いってみればリプトンは人々に合ったマイブレンドを作ってあげようと努めてきたわけだが、今や世界中のさまざまな茶葉が簡単に手に入る時代である。家庭で簡単にできる本当のマイブレンドに、ぜひトライしてみよう。

基本的にはどんなブレンドでも自分がおいしいと感じればそれが最良だが、指針としては、色・香り・味わいの「程度をどうしたいか」をはっきりさせるとやりやすい。「もう少し水色を濃くしてミルクティーに」「渋みはそのままで香りだけを強めたい」など、目的を決めれば適した茶葉も決まってくるからだ。

茶葉の個性を知る

渋みを強くしたいなら…

アッサム OP

あまり市場に出まわらないため入手しにくい高級茶葉だが、どっしりとした渋みと深い味わいで贅沢な一杯を演出できる。長めに蒸らすとよい。

ダージリン　オータムナル

ファースト、セカンド、オータムナルのダージリン３種のうちで最も重く、濃厚な渋みを持つのがオータムナル。香りのよさもついてくる。

ウバ

スリランカティーらしからぬ強い香味を持つ。クオリティシーズンの刺激的な渋みと、シーズン外の力強い渋みを使い分けるのもおもしろい。

香りを強くしたいなら…

キーマン

一級品以上はフラワリーな甘い香りだが、二級品以下だと香りはスモーキーさが強くなる。等級によって香りのタイプが異なるので注意しよう。

ダージリン　ファースト

香りのよさでは、まさに紅茶を代表するダージリンのファーストフラッシュ。フレッシュ、フラワリー、グリニッシュと多彩な要素が加わる。

ラプサンスーチョン

出荷前に意図的に燻煙し、スモーキーな香りをつけている。ブレンドに使うとその強い個性が明確に出るので、茶葉の量をいろいろ試すとよい。

ヌワラエリア

草を思わせるグリニッシュさに加えて、フルーティーさやフラワリーさも感じられるさわやかな香りを持つ。紅茶らしい香りを添えたいときに。

アールグレイ

洗練されたベルガモットフレーバーをプラスしたいときに使う。ブランドごとに香りがちがうので、使い分ければさらに幅が広がる。

水色を濃くしたいなら…

キャンディ

透明度の高い、オレンジ系の赤い水色の美しさは定評あり。黒っぽいとまではいかないので、濃くなりすぎることもなく使いやすい。

CTC

一般に CTC 茶は OP タイプに比べて水色が強く出る。ミルクティーなどで色が足りないときは便利だ。粒が小さいほど黒っぽい赤になる。

ルフナ

ミルクティーで飲むことが多いのは、その水色の濃さが理由のひとつだ。香りはおだやかながらスモーキーなので、分量のバランスを取ること。

インドティーをメインにしたブレンド

アッサム CTC	60
キャンディ	20
ヌワラエリア	20

飲みやすい風味に余韻をプラス

キャンディを使うのは、アッサム CTC のマイルドな味わいをさらに軽快にするためである。この時点で非常に飲みやすいブレンドとなるが、アクセントとしてグリニッシュな香りのヌワラエリアで余韻を加える。

ダージリン ファースト	80
キャンディ	20

キャンディで水色を強める

紅茶のなかでも一番淡い水色になるダージリンのファーストフラッシュに、風味をなるべく変えずに水色をプラスしたいとき、ソフトな香りと味のキャンディを使う。赤みが増すのでミルクティーにもできる。

アッサム CTC	50
ニルギリ BOP	30
ケニア CTC	20

チャイを楽しむならこれ

デイリーに楽しみたいチャイ用のブレンド。短時間で抽出できるアッサム CTC に、それよりソフトなケニア CTC を合わせる。これをベースに、ニルギリの BOP タイプを加えて香りと味を少し強めている。

ダージリン オータムナル	40
アッサム CTC	20
ルフナ	20
キーマン	20

ダージリンベースの濃厚タイプ

ベースとなるのはダージリンオータムナルの強い渋み。これをやわらげるために、アッサム CTC、ルフナ、キーマンという重くて甘い茶葉を合わせる。味わいも水色も濃厚になるのでミルクティーで飲むのがよい。

スリランカティーをメインにしたブレンド

ヌワラエリア	60
ダージリン セカンド	30
ウバ	10

渋みの表情にこだわった重厚系

軸になるのはヌワラエリアの引き締まった心地よい渋み。さらにダージリンのセカンドフラッシュを加えて渋みにパンチを利かせ、ウバは味わいに重みを持たせる。和菓子との相性がとてもよいブレンドである。

ダージリン セカンド	50
アールグレイ	30
ケニア CTC	20

香りと渋みを上手に合わせる

ダージリンならではの渋みが楽しめるセカンドフラッシュに、アールグレイの柑橘系フレーバーをぶつける。アールグレイの香りとダージリンの渋みを、マイルドなケニア CTC でおだやかにまとめた。

ウバ	50
ルフナ	20
アッサム CTC	20
キャンディ	10

ミルクと合わせたい重みの紅茶

これもウバをベースにした重みのあるテイストである。アッサム CTC とルフナがウバを支え、若干のマイルドさを出すためキャンディを加える。ミルクティーやチャイの飲み方がベストだ。

アッサム CTC	50
ラプサン スーチョン	30
キャンディ	20

２種の茶葉で強い香りを軽減

ラプサンスーチョンを飲みやすくするためのブレンド。キャンディは増量を兼ねて使う。あの香りが強すぎて苦手、という人にぜひおすすめしたいが、味わいは濃厚になるのでミルクティーで楽しむのもよい。

ルフナ	40
ラプサンスーチョン	30
アッサム CTC	20
ケニア CTC	10

香り豊かなミルクティーを堪能

ルフナ特有のアロマと、ラプサンスーチョンのスモーキーな香りのコンビネーション。似た香りを持つアッサム CTC と、水色を濃くするためにケニア CTC を加えて、ミルクティーでもおいしいバランスにした。

キャンディ	60
ディンブラ	30
ウバ	10

ミルク OK のアイスティー仕様

キャンディは水色の美しさからよくアイスティーで飲まれるが、ミルクを加えたときは渋みが足りない。そこで、同じスリランカで渋みの強いディンブラとウバをブレンドし、ミルクティーにも対応させた。

ディンブラ	40
ウバ	20
キャンディ	20
ケニア CTC	20

究極のスリランカティー？

スリランカの紅茶は基本的にオーソドックスでクセのない風味だが、それらをいくつかブレンドし、スタンダードを追求したもの。ケニア CTC はコクはあるものの香りと渋みは弱いが、水色は濃くなる。

アールグレイ	50
キャンディ	40
ヌワラエリア	10

柑橘系フレーバーをマイルドに

ベースになるのはアールグレイで、同量に近いキャンディと、わずかにヌワラエリアを合わせる。強く出る香りをキャンディで穏やかにし、それと同時に水色も濃くなるのでミルクティー時の色合いもよい。

チャイニーズティーをメインにしたブレンド

ラプサンスーチョン	60
キャンディ	20
ケニア CTC	20

独特の燻煙香を穏やかにする

ラプサンスーチョンを飲みやすくするためのブレンド。しかしほかの茶葉全体との分量のバランスはそうちがわない。キャンディとケニア CTC を同量ずつ加えて、ラプサンスーチョンのスモーキーな香りをやわらげている。

キーマン	60
ルフナ	30
アッサム CTC	10

キーマンの風味をさらに高める

世界三大銘茶のひとつ、キーマンをより豊かな風味で楽しむためのブレンド。ルフナは味わいの濃厚さと甘みをもたらし、さらにアッサム CTC でパンチの利いた渋みと深いコクを加えている。

プーアール黒茶	50
キャンディ	20
ウバ	20
ルフナ	10

黒茶 + スリランカで飲みやすく

番外編の位置づけとなるが、紅茶をさらに発酵させたプーアール黒茶ベースのブレンドをひとつ。キャンディとウバが黒茶特有の香味をマイルドにする。ブラックティーでもミルクティーでも楽しめる。

キーマン	40
ラプサンスーチョン	30
アッサム CTC	30

中国の二大紅茶のマッチング

ベースの紅茶はキーマンだが、近い量を加えるラプサンスーチョンの個性的な香りが主導権を握る。アッサム CTC は渋みのパンチを利かせるために使う。ブラックティーが基本だがミルクティーでもおいしい。

未来の紅茶の形!? ほかの茶やスパイス＆ハーブとブレンド

飲み方の自由度が高いことは、紅茶というドリンクの大いなる魅力のひとつ。ほかのお茶やスパイス、ハーブとのブレンドで、どこまでも広がる紅茶世界を満喫しよう。

すでにふれた通り、紅茶もそれ以外のお茶も、同じ茶の木から生まれた。であれば、紅茶以外の日本茶や中国茶などとブレンドしても相性が悪いはずがない。日本茶なら煎茶や抹茶、玉露など、また中国茶では白茶からジャスミン茶まで、さまざまな組み合わせを試してみよう。

　インドではチャイにスパイスを入れて飲むこともめずらしくないが、これはもちろん紅茶とスパイスのブレンドがおいしいことの証拠である。ひとつのスパイスを使ってもいいし、数種類のスパイスを混ぜたマサラを使うのもありだ。

　香りの表情を豊かにしたいときは、ハーブとのブレンドが重宝する。ハーブは葉、花びら、実と形状によって役割が変わるので、ひとくちにハーブティーといっても、何を使うかでその味わいは千差万別となる。

不発酵茶／半発酵茶との ブレンド！

発酵させない緑色の不発酵茶と、少しだけ発酵させた淡い茶色の半発酵茶
それぞれの性質を知って、自分の好みに合ったブレンドを完成させてみよう

日本茶　なじみのある日本茶の種類ごとの特性を押さえる

煎茶
いわゆるスタンダードな緑茶。茶葉によって、黄緑の水色と、はっきりした緑の水色のふたつに分かれる。

抹茶
香りと味がはっきりと出る。抽出ではなく茶葉自体を飲むので、葉に含まれるビタミン類を摂取できる。

玉露
いわずと知れた高級緑茶。抽出したお茶には深い甘みが備わり、うまみ成分が紅茶の渋みをやわらげる。

ほうじ茶
「ほうじ」＝「炒る」という意味で、煎茶や番茶を炒って香ばしい香りを出したもの。紅茶の香りとよくなじむ。

番茶
遅い時期（夏以降）に収穫した茶葉などで作る日常茶。深い味はないが軽く香りを添えるときに便利だ。

中国茶　お茶のふるさと、中国の多彩な茶葉を知る

黄茶
緑茶に似た後発酵茶。やさしいうまみが紅茶の渋みを緩和するが、高価なのでブレンドの機会は少ない。

青茶
日本でいうウーロン茶のこと。途中まで発酵させた半発酵茶で、ブレンドするとフルーティーな香りが出てくる。

黒茶
製茶した茶を再度発酵する後発酵茶。最も有名なのはプーアール黒茶である。インパクトを加味したいときに。

白茶
若い芽の部分、いわゆるチップだけで作る希少な茶。まろやかな風味になる。水色は薄いので変わらない。

緑茶
釜炒り茶ともいい、釜で炒って発酵を止める。キレのある快適な飲み心地が、そのまま紅茶に加わる。

紅茶
中国の紅茶といえば、キーマンのほかユンナンなどがある。スモーキーな香りがオリエンタルな印象を与える。

ジャスミン茶
花茶ともいう。着香したものと花びらを混ぜたものがある。フラワー系のハーブブレンドに近い風味となる。

味や香りのプラスα 紅茶に合うスパイス＆ハーブ

スパイスはアクセントを利かせたいときに

シナモン

クローブ

カルダモン

ナツメグ

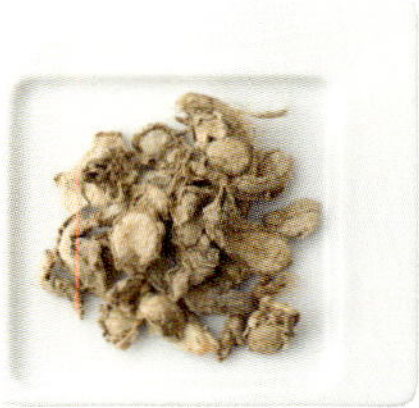

ジンジャー

シナモン

洋菓子をはじめ、さまざまな料理やドリンクに使われる定番スパイス。アクセントとして香りを添えたいときに使うが、渋みを緩和するはたらきも。

カルダモン

南インドやスリランカが原産の多年草で、カレーには欠かせないスパイスのひとつ。香りはさわやかだが、ぴりりとくる刺激、ほろ苦さがアクセントに。

クローブ

インドネシア原産の花のつぼみを乾燥させたもの。ソース類や肉料理、製菓など幅広い用途がある。バニラに似た独特の香りでアジアンな紅茶を演出。

ナツメグ

インドネシア原産の常緑樹の種子で、乾燥させて殻を割り、中身を砕いて使う。アッサムやキーマン、ルフナの茶葉に混ぜるとアロマの強い紅茶に。

ジンジャー

チャイにはジンジャーを入れることが多いが、それは風味のアップだけでなく薬効を得る意味合いもある。渋みをやわらげるスパイスとしても役立つ。

ラベンダー

紫色の花びらは、爽快感のある香りを放つだけでなく、水色の美しさも助ける。リラックス効果があるのでベッドティーに最適である。

ジャーマンカモマイル

世界各地に自生するキク科の一年草。ハーブとして使うのは花びらで、青リンゴに似た香りがある。ほのかな甘さを加えたいときに使う。

リンデンフラワー

リンデンとは菩提樹（セイヨウシナノキ）のことで、葉の根元に花をつける。リラックス効果の高いやさしい甘さを加味できるハーブだ。

ジャスミン

300もの種類があり、ジャスミン茶として知られるのはマツリカという品種。フラワリーでさわやかな香りが紅茶の風味を引き立てる。

さわやかさをプラスしたいならリーフのハーブ

レモンバーム

セージと並ぶ代用茶として広く飲まれた。レモンに甘さをプラスしたような、ほどよい強さの柑橘系フレーバーが得られる。

セージ

中国茶がもたらされる前のヨーロッパではセージがお茶の代わりだった。香りはさわやかながら非常に強いので、分量は少なめに。

タイム

ヨーロッパでは抗菌効果で古くから知られる。さわやかな香りのなかに、存在感のある刺激成分がスッと立ち、アクセントにも使える。

グリーンマルベリー

桑の葉のこと。糖の摂取をセーブしてくれるハーブだが、単独ではえぐみが強く、飲みやすくするため紅茶とブレンドすることが多い。

ペパーミント

ミントの交配から生まれた人工種。すっきりと爽快な香りのハーブの代名詞的存在。紅茶だけでは得られない清涼感を演出してくれる。

レモングラス

レモンを思わせる香りを持つが、草葉ならではのグリニッシュさが心地よい。紅茶にかぎらず茶葉とのブレンドに多用される。

ローズマリー

殺菌効果を持つ地中海地方原産の常緑樹。香りにはスパイシーさもある。細い棒状のフレッシュハーブを浮かべる場合も。

個性的なプラスαがほしいなら実のハーブ

ローズヒップ

バラの実を乾燥させて砕いたもので、ビタミンCが豊富で美容にいいハーブとして知られる。いわゆるバラの香りをイメージしがちだが、香りの中心は酸味である。ほのかな香りだが、味わいとしては明確に酸味が感じられる。

フラワリーなハーブはふんわりとしたやさしさを運ぶ

リンデンフラワー

ラベンダー

ジャスミン

ジャーマンカモマイル

ほかのお茶&ハーブ&

クリスマスをお祝いする楽しいシーズンティー

ディンブラ……60
ローズヒップ……20
シナモン……10
レモングラス……5
クローブ……5

イギリスのクリスマスをテーマにしたブレンドで、特別な日の食卓に使われたクローブや、クリスマスプディングとよく合うシナモンを使った。ローズヒップとレモングラスを加えることで、風味だけでなく茶葉の色合いを華やかにする効果も得られた。

花粉症の症状を緩和するさわやかな効能ティー

キャンディ……70
ジンジャー……20
レモングラス……10
ペパーミント……10

コンセプトは「花粉症対策」で、かゆみをやわらげて免疫力を高めるジンジャーを多めに配合した。レモングラスとペパーミントは、どちらも爽快な香りが特徴で、花粉症の心理的なイライラ感をまぎらわすためのものである。リラックスタイムに楽しみたい。

味、香りとも存在感満点ダイエット効果もあり

キーマン……40
ルフナ……20
プーアール黒茶……20
シナモン……10
クローブ、黒胡椒……各 5

3種の茶葉で濃厚な味わいとアロマを感じる香りを作る。プーアール黒茶はダイエット効果を出すためのもの。シナモンとクローブでエキゾチックな香りを添えつつ、アクセントとして黒胡椒の刺激をプラスした。ミルクティーがおすすめだ。

寒い季節にぴったりのぽかぽか薬効ブレンド

ウバ……50
キーマン……30
シナモン……10
ジンジャー……10

シナモンには疲労回復や整腸の効能があり、またジンジャーも漢方薬としてよく使われる。このふたつを同時に使って薬効を高めた一杯だ。どちらも甘い飲み口になるので、薬用紅茶に近いブレンドながら飲み物としても十分においしく楽しめる。

スパイスとのブレンド

強すぎるセージの香りを花のハーブでやわらかく

キャンディ……80
セージ……10
ジャーマンカモマイル……5
リンデンフラワー……5

メインのハーブは、整腸や食欲増進などの効果で中世ヨーロッパの時代から親しまれているセージ。ただしセージは香りが強すぎるため、ジャーマンカモマイルでリンゴの香りを出し、リンデンフラワーで甘みもプラスした。ベースは使いやすいキャンディだ。

心地よい草原を思わせるグリーン系の風味に

ダージリン……50
緑茶……20
キャンディ……15
レモングラス……10
カルダモン……5

グリニッシュな香りを引き立たせるために使う緑茶がポイント。そのすがすがしいイメージをさらにレモングラスで強調し、風味にほどよいキレを出すのがカルダモンである。ベースの紅茶はダージリンだが、淡い水色を補うためにキャンディを少し混ぜている。

ビタミンCたっぷりの美肌系ブレンド

キャンディ……70
ローズヒップ……20
レモングラス……10

ローズヒップは、豊富なビタミンCとそれを体内に取り込むためのビタミンPをともに含んでおり、美肌効果の高いブレンドになった。キャンディは渋みも少なくマイルドな紅茶なので、すっきりした香りを添えるためにレモングラスを使った。

グリーンマルベリーが血糖値を下げてくれる

キャンディ……50
ケニアCTC……30
グリーンマルベリー……10
レモングラス……10

血糖値を下げるはたらきのあるグリーンマルベリーを使う。少量でも味にえぐみを感じるので、ベースとなる紅茶やレモングラスの香りをうまく使ってやわらげる。ケーキ類や和菓子など、甘いティーフードのときにおすすめのブレンドである。

VARIATION TEA RECIPE

バリエーションティーレシピ

ブラックティーをベースに、いろいろなバリエーションが楽しめるのは紅茶の大きな魅力だ。
ここではホットフルーツティー、スパイス & ハーブティー、チャイ、アイスティー、アイスミルクティーの
5つに分けて、おすすめのレシピを紹介していく

ホットフルーツティーのバリエーション
VARIATIONS OF HOT FRUIT TEA

ブドウシェルパティー	*Berry Sherpa Tea*
アップルティー	*Apple Tea*
バナナティー	*Banana Tea*
ストロベリーティー	*Strawberry Tea*
アールグレイシトラスティー	*Earl Grey Citrous Tea*

スパイス & ハーブティーのバリエーション
VARIATIONS OF SPICE&HERB TEA

マサラティー	*Masala Tea*
レモングラス&ローズヒップティー	*Lemongrass&Rose hip Tea*
シナモン&ジンジャーティー	*Cinnamon&Ginger Tea*
カルダモンティー	*Cardamon Tea*
シナモンチョコレートティー	*Cinnamon Chocolate Tea*

チャイのバリエーション
VARIATIONS OF CHAI

アッサム風チャイ	*Assam Chai*
ミャンマー風チャイ	*Myanmar Chai*
マサラチャイ	*Masala Chai*

アイスティーのバリエーション
VARIATIONS OF ICED TEA

ローズマリー&グレープフルーツティー	*Rosemary&Grapefruit Tea*
ストロベリースイーツ	*Strawberry Sweets*
トロピカルパイナップル	*Tropical Pineapple*
スパークリングティー	*Sparkling Tea*
オレンジミントティー	*Orange Mint Tea*
ティーパンチ	*Tea Punch*

アイスミルクティーのバリエーション
VARIATIONS OF ICED MILK TEA

チョコレートミルクティー	*Chocolate Milk Tea*
バニラフロート	*Vanilla Float*
アジアンセパレート	*Asian Separate*
アールグレイライムミルク	*Earl Grey Lime Milk*
アイスナッツミルクティー	*Iced Nut Milk Tea*
アイスレモンミルクティー	*Iced Lemon Milk Tea*

HOT FRUIT TEA 01

ブドウシェルパティー

Berry Sherpa Tea

レシピは218ページ

ロゼワインとブドウが
フルーティーな香りを優雅に競い合う

HOT FRUIT TEA 02
アップルティー
Apple Tea

レシピは218ページ

素朴な甘酸っぱさとほのかに広がる
甘さのハーモニーを楽しんで

HOT FRUIT TEA 03
バナナティー
Banana Tea

レシピは218ページ

南の風を運ぶバナナは実は紅茶と相性抜群！
トロピカルなバリエーション

HOT FRUIT TEA 04

ストロベリーティー

Strawberry Tea

レシピは219ページ

フレッシュな果実感
ソーサーに実を添えれば
彩りもいっそう華やかに

ベルガモットの香りに
グレープフルーツをプラスした超・柑橘系！

HOT FRUIT TEA 05

アールグレイシトラスティー

Earl Grey Citrous Tea

レシピは219ページ

SPICE&HERB TEA 01

マサラティー

Masala Tea

レシピは218ページ

**いろいろなスパイスを自由に混ぜ合わせて
今日はどんなテイストに？**

SPICE&HERB TEA 02

レモングラス & ローズヒップティー

Lemongrass&Rose Hip Tea

レシピは218ページ

**フレッシュなレモングラスを浮かべて
見た目もさわやかに**

シナモンの国・スリランカで
親しまれる薬効ティー

SPICE&HERB TEA 03

シナモン & ジンジャーティー

Cinnamon&Ginger Tea

レシピは218ページ

SPICE&HERB TEA 04

カルダモンティー

Cardamon Tea

レシピは219ページ

一服の清涼剤のような
さわやかな香り漂う夏の一杯

SPICE&HERB TEA 05

シナモンチョコレートティー

Cinnamon Chocolate Tea

レシピは219ページ

3つの風味が
心地よく混じり合う
スイートなバリエーション

カルダモンと
ブラックペッパーの
ほどよい刺激を楽しんで

CHAI 01

アッサム風チャイ

Assam Chai

レシピは219ページ

CHAI 02

ミャンマー風チャイ

Myanmar Chai

レシピは219ページ

**シナモンの香りと
コンデンスミルクの甘さが
オリエンタル感を演出**

CHAI 03

マサラチャイ

Masala Chai

レシピは219ページ

**ホットな日もコールドな日も飲みたくなる
スパイシーなチャイ**

Iced Tea 01

ローズマリー & グレープフルーツティー

Rosemary&Grapefruit Tea

レシピは220ページ

**ハーブの刺激と
フルーツの甘酸っぱさを
アイスアレンジで**

ICED TEA 02
ストロベリースイーツ
Strawberry Sweets

レシピは220ページ

フレッシュな果実を
イチゴ狩り気分でつまみながら……

ICED TEA 03
トロピカルパイナップル
Tropical Pineapple

レシピは220ページ

パイナップルの果汁と
たっぷりの果肉でフルーティーに

ICED TEA 04

スパークリングティー

Sparkling Tea

レシピは220ページ

**炭酸の口当たりとレモンの香りが
作り出す極上の爽快感！**

ICED TEA 05

オレンジミントティー

Orange Mint Tea

レシピは220ページ

**柑橘系ならではの甘酸っぱさに
ミントの風がスッとそよぐ**

ICED TEA 06

ティーパンチ

Tea Punch

レシピは220ページ

**イチゴ、リンゴ、オレンジ……
好きなフルーツを浮かべて華やかに**

ICED MILK TEA 01

チョコレートミルクティー

Chocolate Milk Tea

レシピは221ページ

チョコと３種のミルクに
アイスティーを“トッピング”して

ICED MILK TEA 02

バニラフロート

Vanilla Float

レシピは221ページ

小さなバニラアイスボールを浮かべて
楽しげなルックスに

ICED MILK TEA 03

アジアンセパレート

Asian Separate

レシピは221ページ

**コーヒー ＆ ティー ＆ ミルクが織りなす
ハーモニーの妙**

ICED MILK TEA 04

アイスレモンミルクティー

Iced Lemon Milk Tea

レシピは221ページ

**定番の二大アレンジをひとつにすると
予想外のおいしさに**

ICED MILK TEA 05

アールグレイライムミルク

Earl Grey Lime Milk

レシピは221ページ

**ふたつの柑橘系フレーバーが香る
フルーティーなアレンジ**

ICED MILK TEA 06

アイスナッツミルクティー

Iced Nut Milk Tea

レシピは221ページ

**粒にしたナッツの香ばしさと
楽しい食感を味わって**

TEA

ホットフルーツティー

バナナティー
Banana Tea　（P.202）

●材料（1人分）
茶葉…TSP軽く2杯／お湯…350ml／バナナ…3cm／ロゼワイン…5ml

●作り方
①バナナの皮をむいて2～3mmの輪切りを2枚作る。
②温めたカップに1を入れてロゼワインをかけ、残りのバナナは少しつぶしてポットへ。
③ポットに茶葉とお湯を入れて紅茶を作り、カップに注ぐ。

アップルティー
Apple Tea　（P.202）

●材料（1人分）
茶葉（キャンディ）…TSP軽く2杯／お湯…350ml／リンゴ（王林）…2～3mmのいちょう切り4～5枚／ロゼワイン…5ml

●作り方
①温めたカップにリンゴを2枚入れて、ロゼワインをかける。
②残りのリンゴをポットに入れる。
③ポットに茶葉とお湯を入れて紅茶を作り、カップに注ぐ。

ブドウシェルパティー
Berry Sherpa Tea　（P.201）

●材料（1人分）
茶葉…TSP軽く2杯／お湯…350ml／ブドウ…2粒＋適量／ロゼワイン…10ml

●作り方
①ブドウ1粒を半分にカットし、カップに入れてロゼワインをかける。
②もう1粒を少しつぶしてポットに入れる。
③ポットに茶葉とお湯を入れて紅茶を作り、カップに注ぐ。好みで実を飾る。

VARIATION TEA RECIPE
バリエーションティーレシピ

&HERB TEA

スパイス＆ハーブティー

シナモン＆ジンジャーティー
Cinnamon&Ginger Tea　（P.206）

●材料（1人分）
茶葉…TSP軽く2杯／お湯…350ml／ジンジャーパウダー…少量／シナモンスティック…1本

●作り方
①ジンジャーパウダーをポットに入れる。
②ポットに茶葉とお湯を入れて紅茶を作り、カップに注ぐ。
③シナモンスティックの先端を少しつぶして添える。

レモングラス＆ローズヒップティー
Lemongrass&Rose Hip Tea　（P.205）

●材料（1人分）
茶葉…TSP軽く2杯／お湯…350ml／レモングラス、フレッシュレモングラス…各適量／ローズヒップ…3～4粒

●作り方
①レモングラスとローズヒップをポットに入れる。
②ポットに茶葉とお湯を入れて紅茶を作り、カップに注ぐ。
③フレッシュレモングラスを飾る。

マサラティー
Masala Tea　（P.204）

●材料（1人分）
茶葉…TSP軽く2杯／お湯…350ml／シナモン、ジンジャー、カルダモン、ナツメグ、クローブ…各少量

●作り方
①各スパイスをすりつぶして粉状にする。
②好みに合わせて配合を決め、ポットに入れる。
③ポットに茶葉とお湯を入れて紅茶を作り、カップに注ぐ。

チャイ CHAI

アッサム風チャイ
Assam Chai (P.208)

●材料（1人分）
茶葉…TSP 軽く2杯／水…140ml／カルダモン、ブラックペッパー…各2～3粒／牛乳…210ml

●作り方
①手鍋に水を入れて火をつけ、つぶしたカルダモンとブラックペッパーを入れる。
②茶葉を入れて葉が開くまで火にかけ、開いたら牛乳を入れる。
③沸騰の直前で火を止め、カップに注ぐ。

ミャンマー風チャイ
Myanmar Chai (P.209)

●材料（1人分）
茶葉…TSP 軽く2杯／水…200ml／牛乳…20ml／コンデンスミルク…20ml／シナモンパウダー…少量

●作り方
①手鍋に水と茶葉を入れて火をつけ、茶葉が開いたら牛乳を入れる。
②沸騰の直前で火を止め、ストレーナーでこしながら手鍋からポットへ移す。
③ポットにシナモンパウダーを入れ、耐熱グラスにコンデンスミルクを入れてチャイを注ぐ。

マサラチャイ
Masala Chai (P.209)

●材料（1人分）
茶葉…TSP 軽く2杯／水…140ml／カルダモン、シナモン、シナモンクローブ、ジンジャー…各少量／牛乳…210ml

●作り方
①手鍋に水を入れて火をつけ、各スパイスと茶葉を入れて茶葉が開くまで火にかける。
②茶葉が開いたら牛乳を入れ、沸騰の直前で火を止める。
③ストレーナーでこしながらカップに注ぐ。

HOT FRUIT

アールグレイシトラスティー
Earl Grey Citrous Tea (P.203)

●材料（1人分）
茶葉（アールグレイ）…TSP 軽く2杯／お湯…350ml／レモン（くし形）…1片
オレンジピール…2枚

●作り方
①ポットに茶葉とオレンジピールを入れる。
②お湯を入れて紅茶を作る。
③蒸らしてカップに注ぎ、レモンを飾る。

ストロベリーティー
Strawberry Tea (P.203)

●材料（1人分）
茶葉…TSP 軽く2杯／お湯…350ml／イチゴ（ヘタつき）…1個＋適量／ロゼワイン…TSP5ml

●作り方
①イチゴ1個を横1/2にカットし、下半分を少しつぶしてポットに入れる。
②上半分をカップに入れ、ロゼワインをかける。
③ポットに茶葉とお湯を入れて紅茶を作り、カップに注ぐ。好みで実を添える。

ブラックティーをベースに、いろいろなバリエーションが楽しめるのは紅茶の大きな魅力。ここではホットフルーツティー、スパイス＆ハーブティー、チャイ、アイスティー、アイスミルクティーの5つに分けて、おすすめのレシピを紹介していく。

SPICE

シナモンチョコレートティー
Cinnamon Chocolate Tea (P.207)

●材料（1人分）
茶葉…TSP 軽く2杯／お湯…350ml／チョコレートシロップ…20ml／シナモンパウダー…少量／シナモンスティック…1本

●作り方
①ポットにシナモンパウダーと茶葉とお湯を入れて紅茶を作る。
②カップにチョコレートシロップを入れ、紅茶を注ぎシナモンスティックを添える。

カルダモンティー
Cardamon Tea (P.207)

●材料（1人分）
茶葉…TSP 軽く2杯／お湯…350ml／カルダモンシード…5～6粒

●作り方
①カルダモンシード2～3粒をつぶしてポットに入れる。
②ポットに茶葉とお湯を入れて紅茶を作り、カップに注ぐ。
③残りのカルダモンシードを浮かべる。

ICED TEA

アイスティー

オレンジミントティー

Orange Mint Tea
(P.212)

●材料（1人分）

茶葉（キャンディ）…TSP軽く2杯／お湯…350ml／フレッシュミント…4～5枚／ドライミント…少々／オレンジスライス…1枚／オレンジピール…1枚

●作り方

①ポットにドライミントひとつまみ、オレンジピールを入れる。

②茶葉を入れお湯を注ぎ、そのままアイスティーを作る。

③グラスに注ぎ、オレンジスライスとフレッシュミントを浮かべる。

ティーパンチ

Tea Punch
(P.213)

●材料（約15人分）

アイスティー…1200ml／フルーツ（イチゴ、リンゴ、パイナップルなど）…適量／シロップ…200～250ml／ロゼワイン…30～40ml／炭酸水…60～70ml／氷（直径3～4cm）…適量

●作り方

①パンチボールにアイスティー、小さくカットしたフルーツ、シロップ、ロゼワイン、氷を入れる。

②炭酸水を入れて軽くかき混ぜる。

③パンチグラスにフルーツ片を2～3個入れ、②を注ぎ分ける。

トロピカルパイナップル

Tropical Pineapple
(P.211)

●材料（1人分）

アイスティー…100ml／パイナップル果汁…30ml／パイナップルカット…1枚／シロップ…20ml／白ワイン…5ml／クラッシュドアイス…適量

●作り方

①グラスにパイナップル果汁、シロップ、白ワインを入れて混ぜる。

②クラッシュドアイスを7分目まで入れ、アイスティーを注ぐ。

③パイナップルカットを飾る。

スパークリングティー

Sparkling Tea
(P.212)

●材料（1人分）

アイスティー…120ml／シロップ…30ml／炭酸水…30ml
レモンスライス…2枚／クラッシュドアイス…適量

●作り方

①レモンスライス1枚をいちょう切りにし、シロップとともにグラスに入れる。

②クラッシュドアイスを7分目まで入れ、アイスティーを注いでよく混ぜる。

③炭酸水を加えて、残りのレモンスライスを飾る。

ローズマリー＆グレープフルーツティー

Rosemary&Grapefruit Tea
(P.210)

●材料（1人分）

茶葉（キャンディ）…TSP軽く2杯／お湯…350ml／ローズマリー…少々、飾り用に生約10cm
グレープフルーツ（いちょう切り）…1枚

●作り方

①ポットにローズマリーと茶葉を入れる。

②お湯を注ぎ、そのままアイスティーを作る。

③グラスに注ぎ、ローズマリーとグレープフルーツを飾る。

ストロベリースイーツ

Strawberry Sweets
(P.211)

●材料（1人分）

アイスティー…100ml／シロップ…20ml／グレナデンシロップ…10ml／イチゴ…4～5個／クラッシュドアイス…適量

●作り方

①グラスにシロップとグラナデンシロップを入れ、クラッシュドアイスを7分目まで入れる。

②アイスティーを注いで軽く混ぜる。

③イチゴを適当な形にカットして盛りつける。

VARIATION TEA RECIPE
バリエーションティーレシピ

ICED MILK TEA
アイスミルクティー

アールグレイライムミルク
Earl Grey Lime Milk (P.217)

●材料（1人分）
アイスティー（アールグレイ）…120ml／牛乳…20～30ml
ライムスライス・ピール…各2枚／クラッシュドアイス…適量

●作り方
①グラスにクラッシュドアイスを入れてアイスティーを注ぐ。
②ライムスライス1枚を1/4にカットして入れ、牛乳を注いで混ぜる。
③ライムピールを絞り、残りのライムスライス1枚を飾る。

アイスナッツミルクティー
Iced Nut Milk Tea (P.217)

●材料（1人分）
アイスティー…120ml／ナッツ（アーモンド、カシューナッツなどのみじん切り）…TSP 山盛り1杯／牛乳…30ml／ホイップクリーム…適量／クラッシュドアイス…適量

●作り方
①みじん切りにしたナッツ（飾り用に少量残す）をグラスに入れ、クラッシュドアイスを7分目まで入れる。
②アイスティーとミルクを注ぎ、軽くかき混ぜる。
③ホイップクリームを浮かべ、その上にナッツを振りかける。

アジアンセパレート
Asian Separate (P.216)

●材料（1人分）
アイスティー…100ml／アイスコーヒー…20ml／生クリーム…10ml／コンデンスミルク…20ml／シロップ…20ml
クラッシュドアイス…適量

●作り方
①グラスにコンデンスミルクを入れる。
②アイスコーヒー、生クリーム、シロップを入れ、クラッシュドアイスを7分目まで入れる。
③アイスティーを注ぐ。飲むときはかき混ぜてから飲む。

アイスレモンミルクティー
Iced Lemon Milk Tea (P.216)

●材料（1人分）
アイスティー…120ml／レモンスライス（2～3mm）…2枚／レモンの皮（1cm 四方）…2片／牛乳…30ml／クラッシュドアイス…適量

●作り方
①レモンスライス1枚を4等分のいちょう切りにし、3つをグラスに入れる。
②クラッシュドアイスを7分目まで入れてアイスティーを注ぐ。
③牛乳を注いで軽くかき混ぜ、レモンの皮の細切りと、残りのレモンスライスを飾る。

チョコレートミルクティー
Chocolate Milk Tea (P.214)

●材料（1人分）
アイスティー…120ml／チョコレートシロップ…20ml／生クリーム…10ml／コンデンスミルク…10ml／牛乳…20ml
クラッシュドアイス…適量

●作り方
①グラスにチョコレートシロップ、生クリーム、コンデンスミルク、牛乳を順番に入れる。
②クラッシュドアイスを7分目まで入れる。
③アイスティーを注ぐ。飲むときはかき混ぜてから飲む。

バニラフロート
Vanilla Float (P.215)

●材料（1人分）
アイスティー…120ml／シロップ…10～15ml／バニラアイスクリーム…適量／クラッシュドアイス…適量

●作り方
①グラスにクラッシュドアイスを入れる。
②アイスティーを注ぎ、シロップを入れる。
③バニラアイスクリームを抜き型やスプーンで丸く取って浮かべる。

問い合わせ先一覧

アーマッドティー
富永貿易株式会社 東京支社
東京都中央区日本橋2-15-10
03-6202-3302

ウェッジウッド
株式会社日食
大阪府大阪市北区野崎町9-10
06-6314-3655

カレルチャペック
有限会社カレルチャペック
東京都武蔵野市吉祥寺本町1-10-18
日本興亜武蔵野ビル
0120-29-1993

紅茶専門店花水木
株式会社花水木コーポレーション
茨城県つくば市二の宮4-14-4
0120-873-822

ジャンナッツ
株式会社ジャンナッツジャパン
東京都大田区北馬込1-27-14-105
03-5743-7662

ティージュ
株式会社ティージュ
東京都大田区田園調布2-21-17
03-3721-8803

トワイニング
片岡物産株式会社 お客様相談室
東京都港区新橋6-21-6
0120-941-440

ナヴァラサ
伊勢丹新宿店本館
地下1階「プラ ド エピスリー」
東京都新宿区新宿3-14-1
03-3352-1111（大代表）

日東紅茶
三井農林株式会社
東京都港区西新橋1-2-9
0120-314-731

ハロッズ
株式会社 T's トレーディング
東京都中央区豊海町3-16
03-3534-6490

東インド会社
株式会社明治屋
東京都中央区京橋2-2-8
0120-565-580

フォートナム・アンド・メイソン
フォートナム・アンド・メイソン・
コンセプト・ショップ日本橋三越店
東京都中央区日本橋室町1-4-1
日本橋三越本店（新館）B 2
03-3243-9881

フォション
株式会社グッドリブ
東京都中央区新川1-6-1
0120-766-855

北欧紅茶
株式会社信富舎・かんたんデザート
東京都千代田区鍛冶町2-11-20
03-5295-3733

マリアージュ フレール
マリアージュ フレール 銀座本店
東京都中央区銀座5-6-6
すずらん通り
03-3572-1854

メルローズ
キャピタル株式会社
東京都文京区本駒込6-1-9
03-3944-1511

ラビニアティー
有限会社エム・クルー
東京都江東区南砂1-5-30-1320
03-5635-5656

リーフルダージリンハウス
リーフルダージリンハウス銀座
東京都中央区銀座5-9-17
あづまビル1F
03-6423-1851

リプトン
ユニリーバお客様相談室
東京都目黒区上目黒2-1-1
中目黒 GT タワー
0120-238-827

ルピシア
株式会社ルピシア
東京都渋谷区代官山町8-13
0120-112-636

ロイヤル コペンハーゲン
株式会社ロイヤル
スカンジナビア モダーン
東京都港区三田1-4-28
三田国際ビル10F
03-5419-7834

＊本書記載情報は2012年4月初版発行時のものです。

Staff

イラスト : 大塚沙織、堀川直子
デザイン :GRID（釜内由紀江、石川幸彦）
撮影 : 磯淵猛、長崎昌夫、奥野伸太郎、大内光弘
写真協力 : 株式会社ジャワティー・ジャパン、NPO 法人 良心、市民の会、神戸紅茶株式会社
編集制作 : バブーン株式会社（矢作美和、橋本一平、丸山綾、宮澤恵、長縄智恵）
参考文献 :『紅茶事典』磯淵猛（新星出版社）、『紅茶ブレンド 茶葉の知識とブレンドティーの作り方』磯淵猛（MC プレス）
『紅茶コーディネーター養成講座1～3』磯淵猛(日本創芸学院)、『紅茶スタイル』磯淵猛(アポロコミュニケーション)
『紅茶の事典』荒木安正・松田昌夫（柴田書店）、『現代紅茶用語辞典』日本紅茶協会編（柴田書店）
図版出典 :『TIME for TEA』（BULFINCH）、『A Social History of Tea』（THE NATIONAL TRUST）

●著者紹介

磯淵　猛（Takeshi Isobuchi）

1951年愛媛県生まれ。1979年紅茶専門店「ディンブラ」を開業。1994年株式会社ティー・イソブチカンパニーを設立。スリランカ、インド、中国の紅茶の輸入を手がけ、紅茶の特徴を生かした数百種類のオリジナルメニューを開発。ティー＆フードのペアリングを提案し、プロセミナーの開催、コンサルティング、プロデュースを行う。キリンビバレッジ「午後の紅茶」のアドバイザー、日本創芸教育にて通信教育「紅茶コーディネーター講座」の主任教授を務める。紅茶研究家・エッセイストとして活躍し、NHKをはじめテレビ・ラジオの出演多数。

著書に「紅茶事典」（新星出版社）、「二人の紅茶王」（筑摩書房）、「紅茶ブレンド」（毎日コミュニケーションズ）、「一杯の紅茶の世界史」（文藝春秋）、「世界の紅茶 400年の歴史と未来」（朝日新聞出版）他多数。

紅茶の教科書　改訂第二版

著　者　磯　淵　　猛
発行者　富　永　靖　弘
印刷所　株式会社新藤慶昌堂

発行所　東京都台東区台東２丁目24　株式会社　新星出版社
〒110-0016　☎03(3831)0743

　Printed in Japan

ISBN978-4-405-09221-1